建筑施工安全教育读本

焦辉修 主　编
姜　华 副主编

中国建筑工业出版社

图书在版编目（CIP）数据

建筑施工安全教育读本/焦辉修主编.-北京:中国建筑工业出版社，1999
ISBN 978-7-112-03771-1

Ⅰ.建… Ⅱ.焦… Ⅲ.建筑工程-工程施工-安全教育-教材 Ⅳ.TU714

中国版本图书馆 CIP 数据核字（98）第 36133 号
责任编辑　胡明安

　　本书是有关建筑施工安全教育的一本内容丰富、实用性强的工具书，它结合当前安全教育的特点，全面系统地总结了我国安全教育的经验。本书主要内容有：建筑安全基本知识、施工现场各工序施工的安全要求、施工现场各工种作业安全操作规定与要求。本书还附有事故案例和考试题。
　　本书适用于建筑施工现场一线操作工人、工长、安全员和管理人员，也可供培训安全技术人员使用。

建筑施工安全教育读本

焦辉修　主　编
姜　华　副主编

*

中国建筑工业出版社出版、发行（北京西郊百万庄）
各地新华书店、建筑书店经销
北京建筑工业印刷厂印刷

*

开本：850×1168毫米　1/32　印张：4$\frac{1}{2}$　字数：117千字
1999年3月第一版　　2011年12月第十八次印刷
印数：44,401—52,400册　定价：**11.00**元
ISBN 978-7-112-03771-1
(20799)

版权所有　翻印必究
如有印装质量问题，可寄本社退换
（邮政编码 100037）

前　言

　　安全系统工程理论释义为：系统的安全运行品质（安全程）取决于系统要素（人、机、环境）安全品质的最佳匹配，即人机环境系统的本质化安全。其中，人员本质化起着决定性的作用。

　　影响人员安全本质的因素有：安全生理素质、安全心理素质、安全文化素质、安全技术素质。改善以上因素，促使其匹配于系统安全的技术可分为两类：人员素质选择；人员素质培养与训练。

　　建筑业由于其劳动力结构的固有属性，特别是当前高体力强度、低文化层次的作业层人员愈来愈趋于年轻化、非专业化，人员素质的再培养与再训练对实现人员本质化安全就尤为重要了。

　　建国以来，国家政府部门、行业主管部门对新入场一线工人的素质培养和安全教育做了周密而细致的规定，对从事这项工作提供了可靠的法规依据。但由于建筑业的行业特点，如人员的流动性、设施密集及转场频繁等给实施规范教育带来很大困难。针对这些问题，我们根据实际需要，组织力量编写了《建筑施工安全教育读本》一书，该读本从进入施工现场应了解的一般性安全知识，到处在某一施工部位应注意的安全事项和遵守的安全规定，直至从事某一工种应履行的安全操作规定进行了详细的阐述。我们希望，通过我们的努力，能赋予建筑施工安全教育一个新的内涵和外延，实现并达到教育的目的和效果。

　　本书由焦辉修同志任主编，姜华同志任副主编。参加编写人员有：刘来景、柳长森、刘兴春、郎晋烜、夏秀英。

　　由于时间仓促，编者水平有限，书中不足之处难免，恳请读者指正。

目 录

第一章 建筑安全基本知识 ………………………………………… 1
　第一节 建筑业与建筑工人 ……………………………………… 1
　　一、建筑业概述 ………………………………………………… 1
　　二、建筑工人 …………………………………………………… 3
　第二节 施工现场 ………………………………………………… 5
　　一、建筑施工的特点 …………………………………………… 6
　　二、施工现场的安全性 ………………………………………… 8
　　三、施工人员的安全性 ………………………………………… 13
　第三节 伤亡事故与紧急救护 …………………………………… 22
　　一、伤亡事故的分类 …………………………………………… 22
　　二、伤亡事故的预防 …………………………………………… 23
　　三、伤亡事故的紧急救护 ……………………………………… 29
第二章 施工现场各工序施工的安全要求 ………………………… 33
　第一节 结构施工阶段的安全要求 ……………………………… 33
　　一、土方工程 …………………………………………………… 33
　　二、钢筋工程 …………………………………………………… 37
　　三、模板工程 …………………………………………………… 38
　　四、混凝土工程 ………………………………………………… 42
　　五、预制构件吊装工程 ………………………………………… 43
　　六、砌筑工程 …………………………………………………… 44
　　七、脚手架工程 ………………………………………………… 45
　　八、施工现场料具存放 ………………………………………… 49
　第二节 装修施工阶段的安全要求 ……………………………… 50
　　一、屋面工程 …………………………………………………… 50
　　二、抹灰工程 …………………………………………………… 51

三、油漆涂料工程 …………………………… 52
　　　四、玻璃工程 ………………………………… 52
　　　五、吊顶工程 ………………………………… 53
　　　六、外墙面砖工程 …………………………… 54
　第三节　设备、管道安装施工阶段的安全要求 ……… 55
　　　一、设备、管道安装工程的特点 …………… 55
　　　二、设备、管道安装的一般安全防护技术 …… 56
第三章　施工现场各工种作业安全操作规定与要求 ……… 59
　第一节　一般工种作业安全操作规定与要求 ……… 59
　　　一、瓦工 ……………………………………… 59
　　　二、抹灰工 …………………………………… 60
　　　三、木工 ……………………………………… 61
　　　四、钢筋工 …………………………………… 63
　　　五、混凝土工 ………………………………… 64
　　　六、油漆玻璃工 ……………………………… 65
　　　七、防水工 …………………………………… 66
　　　八、爆破工 …………………………………… 67
　第二节　施工现场中小型机械作业安全操作规定及
　　　　　要求 ………………………………………… 68
　　　一、搅拌机 …………………………………… 68
　　　二、蛙式打夯机 ……………………………… 70
　　　三、钢筋机械 ………………………………… 72
　　　四、木土机械 ………………………………… 73
　第三节　特种作业安全操作规定及要求 …………… 75
　　　一、特种作业范围 …………………………… 75
　　　二、特种作业人员的基本条件 ……………… 76
　　　三、特种作业人员岗位安全职责 …………… 76
　　　四、特种作业人员基本要求 ………………… 77
　　　五、特殊工种作业安全操作规定及要求 …… 77
附录1　三级安全教育考试题 ………………………… 118
附录2　三级安全教育考试题答案 …………………… 128

第一章 建筑安全基本知识

第一节 建筑业与建筑工人

一、建筑业概述
（一）建筑业的概念

建筑业是以建筑产品生产为对象的物质生产部门，是从事建筑生产经营活动的行业。现在世界各国已公认，建筑业从事的建筑产品的生产，是一种物质生产活动，在联合国的《经济活动国际标准产业分类》中已作出明确的规定。我国自1995年元月起实施的国家标准《国家经济行业分类与代码》(GB/T 4754—94)中划定建筑业包括"土木工程建筑业"、"线路、管道和设备安装业""装修、装饰业"等三大类，详见表1-1所示。

分类代码（GB/T 4754—94）　　　表1-1

门类	大类	中类	小类	类别名称	说　明
A	1	⋮	⋮		
B	2				
⋮	⋮				
E				建筑业	不包括各部门、各地区设立的行政上、经济上独立核算的筹建机构。各项建设工程的筹建机构，应随所筹建的建设工程的性质划分行业。例如化工工程的筹建机构，应列入化学工业有关的行业
	47			土木工程建筑业	包括从事矿山、铁路、公路、隧道、桥梁、堤坝、电站、码头、飞机场、运动场、房屋（如厂房、剧院、旅馆、商店、学校和住宅）等建筑活动。也包括专门从事土木建筑物的修缮和爆破等活动，不包括房管所兼营的房屋零星维修，房管所兼营的房屋零星维修应列入房地产管理业（7300）
		471	4710	房屋建筑业	

续表

门类	大类	中类	小类	类别名称	说明
		472	4720	矿山建筑业	
		473	4730	铁路、公路、隧道、桥梁建筑业	
		474	4740	堤坝、电站、码头建筑业	
		479	4790	其他土木工程建筑业	
	48			线路、管道和设备安装业	包括专门从事电力、通信线路、石油、燃气、给水、排水、供热等管道系统和各类机械设备、装置的安装活动。一个施工单位从事土木工程时，在工程内部敷设电路、管道和安装一些设备的，应列入土木工程建筑业(47)，不列入本类
		481	4810	线路、管道安装业	
		482	4820	设备安装业	
	49	490	4900	装修装饰业	包括从事对建筑物的内、外装修和装饰的施工和安装活动，车、船、飞机等的装饰、装潢活动也包括在内

（二）建筑施工

建筑业属于国民经济发展的支柱行业，通过建筑业的发展，带动了化工、能源、电力、交通等多行业的发展。同时建筑业提供了大量的就业机会，给人民提供了各种舒适的住宿、娱乐空间，对国民经济的发展和人民生产水平的改善作出重要贡献。在传统观念上一直认为建筑业属于投资行业，这种观念是错误的，邓小平同志在1980年4月明确指出建筑生产可以创造价值，因此，建筑生产被认为是一种物质生产活动。

建筑施工是建筑业从事工程建设实施阶段的生产活动，是各类建筑物的建筑过程，也可以说是把设计图纸上的各种线条，在指定的地点变成实物的过程。施工作业的场所称为"建筑施工现场"或叫"施工现场"，也叫"工地"。

我国在建筑施工方面有着几千年的悠久历史，巍峨矗立的万里长城、气势恢宏的故宫已成为世界文化遗产,还有数不清的知名建筑。

高层建筑施工这些年在我国也发展得很快,地上建筑物高度已超过420m,电视塔高度已超过400m,充分显示了我国人民的智慧和力量。

二、建筑工人

建筑工人通俗的讲就是进行建筑工程施工的人员,其中主要指体力劳动人员。目前我国的建筑市场,建筑工人绝大多数由于来自农村或偏远山区,未受过专业训练,文化层次不高,安全意识较薄弱,如何提高建筑工人的自我保护意识,是目前建筑施工现场管理的重点,也是包括三级安全教育在内的各种形式培训教育的目的所在。

(一)建筑工人应具备的素质

建筑工人应该符合哪些条件呢?首先是年满18周岁的公民,身体素质好,能够适应施工现场艰苦的作业环境,以不超过55岁为宜。其次要求责任心强,热爱建筑事业,有一定的技术技能,有较强的安全意识,能承担相应的工作;如果是从事特种作业的人员,必须经过专门的身体检验合格,并具备相应的特种作业专业技能和安全操作技能。

(二)安全教育

1. 安全教育的重要性

建筑施工人员进入现场作业以前,必须进行必要的安全教育。我国《劳动法》第六章《劳动安全卫生》对此进行了详细的规定,其中第五十二条指出:用人单位必须建立、健全劳动安全卫生制度,严格执行国家劳动安全卫生规程和标准,对劳动者进行劳动安全卫生教育,防止劳动过程中的事故,减少职业危害。我国1998年3月1日正式实施的《建筑法》第五章"建筑安全生产管理"第四十六条规定:建筑施工企业应当建立健全劳动安全生产教育培训制度,加强对职工安全生产的教育培训,未经安全生产教育培训的人员,不得上岗作业。

从以上规定可以看出，无论从国家的基本大法《劳动法》还是行业法规《建筑法》中，都把对工人的安全教育作为一项重要内容来要求，那么为什么对工人的教育显得如此的重要呢，我们可以从以下几方面因素来认识。

首先，安全生产是人类进行生产活动的客观需要，是人类文明发展的必然趋势。安全是人的基本需要之一，人人都希望健康，危及人身安全和健康的恶劣劳动条件和环境会使工作者产生不安、恐惧的心理；严重的事故和职业病所造成的人身伤亡，不仅使本人受到伤害，其家庭蒙受不幸，也给企业带来重大的损失，甚至给社会造成不良影响，因此，安全教育就显示出其必要性。

其次，加强安全教育可以使企业的安全生产建立在广泛的群众基础上，使党和国家的安全生产方针政策，企业的有关安全生产规章制度的贯彻执行得到切实的保证。通过学习，我们就可以认识到"安全第一、预防为主"的方针，是代表国家与人民长远利益的一项基本国策，是社会生产力发展的基本保证；还会认识到安全生产是保证我国社会主义经济建设持续、稳定、健康、协调、顺利发展，进一步实行改革开放政策的基本条件之一。

第三，随着建筑工程结构的日益复杂，层高的逐步增加，施工中各种机械的广泛应用，这些都对施工技术的要求越来越高；随着用工制度的改革，外协施工人员占从业人员的比重也不断增加，由于其安全意识薄弱，安全操作技术水平低，违章作业，野蛮施工故而因工伤亡事故频频发生，重大伤亡事故也屡有发生。因此，安全教育就显得尤为重要。

2. 安全教育形式

安全教育的形式多种多样，但概括来讲可以分为两大类，即一般性教育和特殊性教育。一般性教育是指对施工人员进行有关常识性安全知识教育内容。在建筑施工中，一般性教育又分为多种形式，如入场三级安全教育、班前安全讲话、周一安全活动等。特殊性教育是指为完成某一特种工作而进行的专业性教育，如特种作业安全教育、安全技术交底等。特种作业包括电工、焊工、驾驶、起重、登高5大类别，共44个操作项目，这在本书后面有关章节中有专门的介绍，这里不再赘述。我们把安全技术交底也划分为特殊性教育的一种，是因为安全技术交底都是针对某一分项工程而作出的特殊性安全要求，在交底书中一般都详细讲明分项工程的工艺特点和安全操作要领，因此，可以把安全技术交底作为特殊性教育的一种。下面仅阐述三级安全教育和安全技术交底两项内容。

（1）三级安全教育

三级安全教育是每个新进场的人员必须接受的教育。所谓三级是指公司、施工队和施工班组。公司级教育主要是对新入场的工人（包括合同工、临时工、使用的外包工）在没有分配到施工队之前，必须进行初步的安全教育；施工队教育是新工人被分配到施工队以后进行的教育；班组教育也叫岗位教育，即新工人分配到班组后，开始工作前的一级教育。

对于三级教育的课时及考试要求国家有关文件、各地的地方性法规都不同程度的作了要求，一般来讲，公司级教育不少于16课时，施工队级教育不少于16课时，班组级教育不得少于8课时，外包工队的教育由总包单位负责组织实施。考试合格后，由公司签发合格证，考试不及格者不准进入生产岗位。

（2）安全技术交底

安全技术交底是为对某一分部分项工程进行施工，或采用新工艺、新技术、新设备、新材料而制定的有针对性的安全技术要求。它要具有一定的针对性、时效性和可操作性，以便指导工人安全施工，通常，分部分项工程的安全技术交底由工长或施工员书写，由被交底人签字后实施。

第二节 施 工 现 场

建筑业属事故发生率较高的行业，每年的事故死亡人数仅次于交通和煤炭业，排第三位。建筑施工现场是建筑施工的作业场所，也是建筑施工生产中易发生伤亡事故的场地。为什么建筑施工现场的事故发生率这么高呢？这主要是由建筑施工的特点决定的。

一、建筑施工的特点

建筑施工现场在生产过程中主要有以下特点：

1. 产品固定。建筑产品不同于其它行业产品，它体积大、生产周期长，具有固定性。一座厂房、一栋楼房，一经施工完毕就固定不动了，所有的生产活动都是围绕它进行的。这就形成了在有限的场地上集中了大量的工人、建筑材料、机械设备等进行作业，这样的情况要持续几个月或几年。

2. 露天及高处作业多。在空旷的地方建造房屋，工人常年在室外操作。一栋建造物的露天作业约占整个工作量的70%。按照国家标准《高处作业分级》规定划分，建筑施工中有90%以上是高处作业。

3. 手工劳动及繁重体力劳动多。建筑业是我国发展最早的行业，几千年来，大多数工种至今仍是手工操作，由于手工劳动容易使人疲劳、分散注意力，误操作多，容易导致事故的发生。

4. 生产工艺和方法多样，规律性差。在建筑施工中，每道工序不同，不安全因素也不同，即使同一道工序由于工艺和施工方法不同，生产过程也不相同。随着工程的进展，施工现场的施工状况和不安全因素也随着变化。

5. 流动性大。每一栋建筑物建造完成后，施工队就要转移到新的地点，去建新的工程。

从以上特点我们可知建筑业不安全因素多，是伤亡事故多发行业，加强施工现场的安全管理就有着重要意义。其表现在：

（1）施工现场是完成生产的基层单位，也是事故多发部位,大家知道，建筑生产的真正实现是在施工现场完成的，在施工中可能出现一些辅助机构，如钢筋加工、商品混凝土搅拌等，也都是围绕现场施工生产服务的,因此施工现场是建筑生产的一线单位，真正的建筑生产施工是在这里完成的，由于这里工程量最大，也是事故的易发部位，稍一疏忽，就有可能发生重大事故，因此，提高施工现场的安全管理水平有其特殊的意义。

（2）施工现场人员混杂，人员素质参差不齐，是易发生事故的主要原因。在现场施工过程中，多工种、多工序易产生交叉施工作业的现象，而个别施工人员由于文化知识层次较低，安全意识淡薄，往往出现违章作业、冒险蛮干现象；或者在施工过程中，只考虑自己施工生产，不顾及周围其它人的生命安全。有些施工人员为了自己施工方便，随意拆改现场的防护设施，或者随便动用电气设施等，凡此种种现象，极易诱发事故的发生。

（3）施工现场变化频繁，是导致事故发生的又一重要因素，也是加强现场管理的又一关键所在。建筑施工是建筑成品的生产过程，通过这一生产过程，把各种建筑材料变为成品—建筑物。施工过程呈现多变的状态，而个别施工人员由于对现场的不熟悉，或者对这种多变的状态不能适应，就容易导致事故的发生。

例如某工地，一工人手持工具清理顶棚预留灯孔内的尘土，这时一阵风吹过，迷住了他的双眼，他急忙往后退，在他的背后本来是一个防护很好的预留管井，但就在这一天，该管井的防护栏杆不知被谁拆除了，于是这个清理工人从管井中坠落导致死亡。分析这起事故的起因，我们可以看到就是由于以上第（2）、（3）两项引起的，即有人违章私自拆除防护设施，而清理工又对现场不熟悉，错误地认为有防护栏杆存在，结果导致了这起死亡事故的发生。

（4）施工现场多为露天作业，受自然环境影响因素较多，易发生事故。

在建筑施工过程中，露天作业的现象比较多，尤其是在土方工程和主体结构施工过程中，受自然环境影响如雨雪天气、骤冷、骤热、大风天气等，往往对人和机械设备产生较大的影响，从而也就容易导致事故的发生，如阴雨天气或天气炎热，人的皮肤潮湿，就容易发生触电事故。在大风天气，就容易危及外架或吊篮等户外设施的使用安全，而在雨雷天气，人的脚下容易打滑，尤其在高空作业中，容易发生坠落事故。

建筑施工的特点决定了建筑业是事故多发行业，而加强施工现场的综合管理，提高整个现场的安全性、可靠性是搞好建筑安全的重要环节。提高现场的综合管理水平，杜绝事故的发生要从人、物和环境着手，即第一要求施工人员进入现场以后应满足现场安全要求，主要是人在施工现场必须遵守各种规章制度；第二要求现场各种安全防护设施齐全，满足安全使用要求；第三是现场本身应达到的安全性要求，即施工现场能够给作业人员提供安全、舒适、可靠的作业环境，包括发生事故后能够紧急救护或疏散。下面我们进一步阐述施工现场的安全性和施工人员的安全性。

二、施工现场的安全性

施工现场的安全性主要是指应给施工人员创造安全、可靠的作业环境。为达到这项要求，主要应从两个方面着手努力，一个是现场的安全组织管理，即软件；另一个是施工现场符合安全基本规定，即硬件。下面我们分别介绍。

（一）现场的安全组织管理

现场的安全组织管理，就是现场必须具有可靠的安全保证体系，通过该体系的运作和实施，能够达到安全生产的目的。进行安全组织管理，主要有以下几个方面的重点要求。

首先，要落实各级安全生产责任制，使大家明确自己的义务。现在我国普遍推行了项目法施工，对每一个施工现场，项目经理是安全生产第一责任人，项目经理应与各级管理人员、总包与分包、分包与班组、班组与各施工人员要层层签订安全生产责任状，把责任层层分解，特别是各施工人员，是生产的一线工人，也是最易发生事故的群体，更应明确自己在安全生产中应担负的责任。

在工程项目安全生产中，项目经理对工程项目施工生产、经营全过程中的安全负全面领导责任；项目生产副经理应协助好项目经理，其对工程项目的安全生产负直接领导责任；项目技术负责人对工程项目生产经营中的安全生产负技术责任；工长、施工人员对所管辖班组（特别是外协施工队伍）的安全生产负直接指挥领导责任，班组长对本班组人员在施工生产中的安全和健康负责。

下面我们重点介绍一个施工队伍的负责人和施工工人在安全生产中所担负的责任。

1. 施工队负责人的安全生产职责

施工队伍的负责人应明确自己是该队伍安全生产的直接负责人，在开展生产活动中，应严格遵守以下几点：

（1）**认真执行安全生产的各项法规、规定、规章制度及安全操作规程**，合理安排组织施工班组人员上岗作业，对本队人员在施工生产中的安全和健康负责。

（2）各施工队伍要严格履行各项劳务用工手续，必须持有劳动部门核发的安全生产资格审查认证，特种作业人员必须有劳动部门核发的特种作业人员操作证，做到持证进场，持证上岗。做好本队人员的岗位安全培训、教育工作，经常组织学习安全操作规程，监督本队人员遵守劳动安全纪律，做到不违章指挥，制止违章作业。

（3）必须保持本队人员的相对稳定，人员变更须事先向用工单位有关部门申报、批准，新进场人员必须按规定办理各种手续，并经入场和上岗安全教育后方准上岗。

（4）组织本队人员开展各项安全生产活动，根据上级的交底向本队各施工班组进行详细的书面安全交底,针对当天施工任务、作业环境等情况，做好班前安全讲话，施工中发现安全问题，及时解决。

（5）定期和不定期组织检查本队施工的作业现场安全生产状况，发现不安全因素及时整改，发现重大事故隐患应立即停止施工，并上报有关领导，严禁冒险蛮干。

（6）发生因工伤亡或重大未遂事故,组织保护好事故现场，做好伤者抢救工作和防范措施，并立即上报，不准隐瞒、拖延不报。

2. 工人的安全生产职责

工人是安全生产的直接责任人，在开展生产活动中，应遵守以下几点：

(1) 认真学习，严格执行安全操作规程，模范遵守安全生产规章制度。

(2) 积极参加各项安全生产活动，认真执行安全技术交底要求，不违章作业，不违反劳动纪律，虚心服从安全生产管理人员的监督指导。

(3) 发扬团结友爱精神，在安全生产方面做到互相帮助，互相监督，维护一切安全设施、设备，做到正确使用，不准随意拆改，对新工人有传、带、帮的责任。

(4) 对不安全的作业要求要提出意见，有权拒绝违章指令。

(5) 发生因工伤亡事故，要保护好事故现场并立即上报。

(6) 在作业时要严格做到"眼观六面、安全定位、措施得当、安全操作"。

(二) 施工现场的安全保证体系

施工现场应建立完整的安全保证体系，监督、检查整个施工过程中安全生产活动的开展。

在工程项目的施工中，各项目经理部应设立专门的安全生产管理职能部门，保证安全生产活动实施；设立安全生产委员会，监督安全生产活动的开展；从施工队伍到各班组应设立专职或兼职的安全员，以开展安全生产活动；同时，各安全管理人员应遵守以下各项要求：

1. 积极贯彻和宣传国家的安全生产方针及上级的各项安全规章制度，并监督检查执行情况。

2. 制定安全生产工作计划，针对工程项目生产特点，制定安全生产管理办法实施细则，并负责贯彻实施。

3. 协助上级领导组织开展各项安全生产活动，并监督检查开展安全生产活动的情况，发现问题及时向上级领导和上级安全生产管理部门汇报处理。

4. 负责安全生产基础管理台帐及安全管理资料的建立和归档工作。

5. 负责所属职工、特种作业人员的安全教育、安全培训的组织管理、考核办证工作；负责监督检查施工人员的三级安全教育考核证及特种作业人员持证上岗工作。

6. 开展"危险预知"活动，建立施工班组周一安全活动和班前安全讲话制度，针对工程施工的各个阶段，组织开展事故隐患的预测、预控、预防工作，建立定期的安全检查活动（工程项目每周一次，班组每天一次），并逐级做好列项整改记录。

7. 参加施工组织设计、施工方案的会审，参加工程项目生产会和安全生产例会，建立工程项目安全生产例会制度，并负责组织实施。

8. 参加工程项目临时用电工程施工组织设计的会审和临时用电设施、设备以及一般脚手架验收工作，并监督检查施工中临时用电、脚手架的安全使用和维护工作。

9. 认真执行各项法规、标准，制止违章，对重大事故隐患、严重违章施工、违章作业，有权下令停止施工并越级上报上级部门或领导。

10. 对工程项目劳动保护用品的采购、使用、管理有监督、检查权，对进入施工现场的单位或个人，有权检查、监督其是否符合现场的安全管理规定要求，发现问题责令其改正。

11. 参加因工伤亡事故的调查，对伤亡事故和重大未遂事故进行统计分析，协助工程项目经理做好工地"三不放过"（事故原因未查清不放过、责任人未受到教育不放过、整改措施未落实不放过）。

（三）施工现场总包的职责

在项目安全生产的组织中，还应明确一点就是总包负责制，各分包单位包括各施工队伍的安全生产活动的开展必须纳入到总包的管理体系中，各项安全活动的开展也应是总包负责统一组织，各分包单位或施工队伍班组负责落实，避免在工程项目中出现标准不统一，执行规范的尺度不一致，造成现场管理混乱的局面。各施工人员严禁出现只听从本施工队指挥，不服从总包管理人员管理的现象。

（四）施工现场安全管理

对现场的各项基本要求有许多成文的规定，有政府性法规，如国务院颁布的《建筑安装工程安全技术规定》，原劳动部1997年1月1日实施的《建设项目（工程）劳动安全卫生监察规定》；有行业规范，如建设部15号令《建设工程施工现场管理规定》，建设部13号令《建筑安全生产监督管理规定》等。各个地方根据本地区施工生产的特点，都相应作出了许多地方性的规定，如北京市对建筑施工现场颁发了多项管理标准，如《北京市建设工程施工现场安全防护基本标准》、《北京市建设工程施工现场管理基本标准》、《北京市建设工程施工现场管理问题性质的认定及处罚规定》等。另外，建筑施工企业根据本单位的生产实际，也都相应作出一些规章制度，来强化对现场的管理。

施工现场在开工以前要做到"三通一平"，即运输道路通、临时用电线路通、上下水管道通、施工场地平整。施工现场应符合安全、卫生和防火要求，并做到安全生产文明施工，主要要求有：

1. 与外界隔离的设施：施工现场周围应设置围栏、砖墙、密目式安全网等围护设施，与外界隔离，以保障安全生产。

2. 悬挂标牌：每个施工现场的入口处，都要悬挂"四板一图"即工程概况板、安全生产管理制度板、消防保卫管理制度板、场容卫生环保制度板，"一图"是施工平面布置图。平面布置图要求布置合理并与现场实际相符。有了"四板一图"，就可以使每个进入施工现场的人员对工程有一个大致了解，各项制度对其起到约束的作用，对安全工作开展起到一定的保证作用。

施工现场除设置安全宣传牌外，危险部位处必须悬挂醒目的《安全色》（GB2893—82）和《安全标志》（GB2894—82）规定的标牌，夜间有人经过的坑洞等处还应设红灯示警。

3. 运输道路要畅通：施工现场要有道路指示标志，人行道、车行道应坚实平坦，保持畅通。应尽量采用单行线和减少不必要的交叉点，载重汽车的弯道半径，一般应该不小于15m，特殊情况不小于 10m。在场地狭小，行人来往和运输频繁的地方，应该设有明显的警告标志或设置临时交通指挥。现场的道路不得任意挖掘和截断。如因工程需要，必须开挖时，也要与有关部门协调一致，并将通过道路的沟渠，搭设能确保安全的桥板，以保道路的畅通。

4. 材料堆放整齐：施工现场中的各种建筑材料、预制构件、机械设备等等，都应该按照施工平面布置图已设计好的位置，分类堆放，不能超过规定的高度，更不能靠近围护栅栏或建筑物的墙壁位置。对工程拆下来的模板、脚手架的杆件，要随时清理堆放整齐，木板上的钉子要及时打弯和拔除。

5. 要有排水设施：施工现场要有排水沟，排水沟要不妨碍施工区域内的交通，不污染周围的环境，并经常清理疏通。

6. 有卫生设施：每个施工现场都必须为职工准备足够的清洁饮用水，吃饭和休息的场所，以及洗浴场所和男、女厕所。

工地内的沟、坑应该填平，或者设围栏、盖板。

7. 特殊工程施工现场周围要设置围护，要有出入制度并有门卫（值班人员）。对特殊工程作业场所要有安全监护。

三、施工人员的安全性

目前工程项目逐步实施标准化管理。所谓标准化管理，是指制定工程项目管理标准，并组织实施标准及对标准的实施进行监督活动的总称。从人的角度来说，标准化是以标准规范每个管理人员和操作人员的行为，约束人的不安全行为；从物的角度看，标准化是一种技术准则，消除物的不安全状态，建立良好的生产秩序和创造安全的生产环境。下面我们重点介绍在现场标准化管理中应遵守的有关规定。

（一）进入施工现场的基本准则

1. 严禁赤脚或穿拖鞋进入施工现场。严禁酒后作业，严禁穿带钉易滑的鞋进行高处作业。

2. 在防护设施不完善或无防护设施的高处作业，必须系好安全带。

3. 严禁在施工现场吸烟。

4. 新入场的工人必须经过三级安全教育,考核合格后,方可上岗作业;特种作业人员如电工、焊工、起重工、架子工、信号工、机械驾驶员、司炉工、爆破工等,必须经过专门的培训,考核合格取得操作证后方准独立上岗。

5. 工作时要思想集中,坚守岗位,遵守劳动纪律。严禁现场随意乱窜,严禁随地大小便。

6. 在施工现场行走或上下要坚持做到"十不准":

(1) 不准从正在起吊、运吊中的物件下通过,以防物体突然脱钩,砸伤下方人员;

(2) 不准从高处往下跳;

(3) 不准在没有防护的外墙和外壁板等建筑物上行走;

(4) 不准站在小推车等不稳定的物体上操作;

(5) 不得攀登起重臂、绳索、脚手架、井字架、龙门架和随同运料的吊盘或吊篮及吊装物上下;

(6) 不准进入挂有"禁止出入"或设有危险警示标志的区域(如有高空作业的下方)等;

(7) 不准在重要的运输通道或上下行走通道上逗留;

(8) 不准未经允许私自进入非本单位作业区域或管理区域,尤其是存有易燃易爆物品的场所;

(9) 严禁夜间在无任何照明设施的工地现场区域内行走;

(10) 不准无关人员进入施工现场。

(二) 施工生产环节中的注意事项

作为一名新工人进入施工现场,在施工生产各环节中应注意以下事项:

1. 首先通过认真阅读施工现场入口处的"一图四板"了解工程概况及施工现场各种设备、设施的分布、料具码放等基本情况,以便熟知施工现场的危险区域和各项安全规定,增强自身安全防护意识。

2. 熟练掌握"三宝"的正确使用方法,达到辅助预防的效果。

"三宝"是指现场施工作业中必备的安全帽、安全带和安全网,它们正确的使用方法和安全注意事项分别如下。

(1) 安全帽

1) 安全帽是用来避免或减轻外来冲击和碰撞对头部造成伤害的防护用品,其正确使用方法如下:

2) 检查外壳是否破损,如有破损,其分解和削减外来冲击力的性能已减弱或丧失,不可再用。

3) 检查有无合格帽衬,帽衬的作用在于吸收和缓解冲击力,安全帽无帽衬,就失去了保护头部的功能。

4) 检查帽带是否齐全。

5) 调整好帽衬间距(约4~5cm),调整好帽箍。

6) 戴帽并系好帽带。

现场作业中,切记不得随意将安全帽脱下搁置一旁,或当坐垫使用。

(2) 安全带

安全带是高处作业工人预防伤亡的防护用品,其使用注意事项如下:

1) 应当使用经质检部门检查合格的安全带;

2) 不得私自拆换安全带的各种配件,在使用前,应仔细检查各部分构件无破损时才能佩系;

3) 使用过程中,安全带应高挂低用,并防止摆动、碰撞,避开尖刺和不接触明火,不能将钩直接挂在安全绳上,一般应挂到连接环上;

4) 严禁使用打结和继接的安全绳,以防坠落时腰部受到较大冲力伤害;

5) 作业时应将安全带的钩、环牢挂在系留点上,各卡接扣紧,以防脱落;

6) 在温度较低的环境中使用安全带时,要注意防止安全绳的硬化割裂;

7) 使用后,将安全带、绳卷成盘放在无化学试剂、阳光的场所中，切不可折叠。在金属配件上涂些机油，以防生锈；

8）带的使用期3～5年，在此期间安全绳磨损时应及时更换，如果带子破裂应提前报废。

（3）安全网

安全网在建筑施工现场是用来防止人、物坠落，或用来避免、减轻坠落及物击伤害的网具。在施工现场安全网的支搭和拆除要严格按照施工负责人的安排进行，不得随意拆毁安全网；在使用过程中不得随意向网上乱抛杂物或撕坏网片。

3. 当某一分项工程或某一工序开工之前，首先要有工长或施工员对该项工程或工序详细、有针对性和实效性的安全技术交底，操作人员明确交底内容并在交底书上签字后，方可开始施工。脚手架、井字架、特殊架子、安全网等，以及机械设备、临电设施在接到验收合格的通知后才能使用。未经工长、施工队长批准不得随意挪动和拆除施工现场的各种防护装置、防护设施和安全标志。

4. 注意施工现场"四口"、"五临边"等重点防护部位的安全性及正确维护。

施工现场的"四口"是指楼梯口、电梯口、预留洞口、通道口。"五临边"是临边作业的五种类型，所谓临边作业是高处作业中作业面的边沿没有围护设施或虽有围护设施，但其高度低于800mm时，这一类作业称为临边作业。"五临边"一般指沟、坑、槽、深基础周边，楼层周边，梯段侧边，平台或阳台边，屋面周边。"四口"和"五临边"是在施工过程中容易发生事故的部位，也是现场防护的重点，必须有可靠的安全防护设施。在国家的有关规范中对"四口"、"五临边"的防护要求都有明确的规定，例如要求电梯井门在正式门安装以前须设置临时防护门，其防护高度要求不低于1.2m。而且在电梯井内，要求首层和每隔10m设一层水平网等。对各种结构孔洞的防护，要求每25cm×25cm～50cm×50cm的孔洞，必须设置固定盖板，保持四周搁置均衡，并有固定其位置的措施；50cm×50cm～150cm×150cm的洞口，必须预埋通长钢筋片,纵横钢筋间距不得大于15cm,或满铺脚手板,脚手板应绑扎固定;150cm×150cm以上的洞口,四周须设置防护栏杆,洞口中间支搭水平安全网等等。

对现场中"四口"、"五临边"的防护,任何人都无权私自拆除,因为私自拆除防护设施,尤其是拆除后不加恢复很容易导致因工伤亡事故的发生。例如:

1986年10月28日,在山东省德州某建筑公司承建的德州面粉厂工地,厂房内有一预留洞口,原有盖板,整修地面时被拆掉,未及时恢复。冷某在拉车时,倒退着走与推车者边走边谈话,从预留洞口坠落,经抢救无效死亡。

事故直接原因:违反劳动纪律,拆掉盖板不复原,留下隐患。

事故间接原因:管理不严,监督检查不力,防护措施有漏洞。

事故主要原因:工人违章拆除防护设施使预留洞口无防护。

如果在施工过程中,确实因为生产需要对某一部位的安全防护设施拆除应该怎么做呢?那么就必须上报有关施工指挥负责人(工长以上),征得同意后方可拆除,工作完毕立即恢复。如果需要隔夜完成,在每天下班前,须对临时设施进行恢复,如果该防护设施拆除后有发生事故的可能性,那么在该部位应设专人守护。

5. 掌握高处作业时的安全保护知识,遵守高处作业的安全防护规定,防止高处坠落事故发生。

所谓高处作业,是指在坠落高度基准面2m以上(含2m)有可能坠落的高处进行的作业。建筑施工往往是在有限的平面上向纵向发展,高处作业现象很多,因而事故机率较大,安全防护不当或措施不到位,很容易发生因工伤亡事故。如:

1987年8月5日,某施工队承包了北京燕山水泥厂生料磨房外喷涂任务。工人由顶第一步架往第二步架翻脚手板时,腰上系的安全带未扣在上方小横钢管上便进行作业。民工在准备翻板子时脚下失滑坠落,抢救无效死亡。主要原因:(1)民工安全意识差,自防能力低,高空作业未挂好安全带,而且穿了易滑的塑料底鞋。(2)脚手架外没有支搭水平安全网。

因此，高处作业时除应设置必要的安全防护设施外，施工人员在作业过程中要注意以下几点：

（1）高处作业人员必须着装整齐，系挂好安全带，严禁穿硬塑料底等易滑鞋、高跟鞋上高处作业。

（2）在进行攀登作业时，攀登用具结构上必须牢固可靠。对于移动式梯子，梯脚底部应坚实，不得垫高使用，梯子的上端应有固定措施。

（3）登梯作业时，光滑地面应有防滑措施，梯子与地面夹角60°为宜，不准探身和站在梯子的最上一蹬。上下梯子时，必须面向梯子，且不得手持器物。

（4）施工人员应从规定的通道上下，不得在阳台之间等非规定通道进行攀登。

（5）进行悬空作业时，悬空作业处应有牢靠的立足处，并必须视具体情况配置防护栏网、栏杆或其它安全设施。

（6）在高处作业时，所有物料应该堆放平稳，不可放置在临边或洞口附近，也不可妨碍通行和装卸，对作业中的走道，拆卸下的物料、剩余材料和废料等都要加以清理和及时运走，不得任意乱置或向下丢弃。传递物件时严禁投掷物料。

（7）各施工作业场所内，凡有坠落可能的任何物料，都要一律先行撤除或者加以固定，以防跌落伤人。

（8）高处作业人员严禁相互嘻戏打闹，以免失足发生坠落危险。

6. 正确处理交叉作业

交叉作业是建筑施工现场的特点，也是事故的多发点。多工种、多工序在一起施工，造成建筑施工现场大量交叉作业现象的出现，是由建筑施工空间的有限性决定的。交叉作业最易导致伤亡事故发生，所以必须引起高度的重视。为安全起见，首先要求工长在安排施工中尽量避免交叉作业，合理安排工序。对施工人员来讲，为了自身和他人的安全，应在生产中注意以下事项：

（1）各施工人员要避免同一垂直方向上操作。在下层操作的人员必须在上层高度确定的可能坠落半径范围以外。如不能满足，下面人员应确信有安全保护层，否则不能进行施工。

（2）上方施工人员是交叉作业中安全责任人员，要牢固树立为他人安全着想的思想，必须确信设有可能造成落物伤人的安全防护设施后才能施工，否则不得施工。

（3）各施工人员严禁在拆除模板、脚手架等危险作业下面操作。

（4）为了消防安全，严禁电气焊工与木工、油漆工、防水等存在易燃材料的工种交叉施工。

7. 正确使用手持电动工具

随着科学技术的发展，在建筑施工现场，越来越多的手工作业被机械施工代替，尤其是在现场中大量的手持工具的使用为操作者提高了工作效率，但同时也带来了触电的隐患，因为目前使用的大量手持工具还属高压电（220V 电压），足可以导致人体触电死亡。所以，要求每位施工人员了解基本的手持电动工具使用常识，以免发生触电事故。按照国标 GB3787—93 规定，按触电保护方式，电动工具分为Ⅰ、Ⅱ、Ⅲ类三个等级。

Ⅰ类工具：

Ⅰ类工具在防止触电的保护方面不仅依靠基本绝缘，而且它还包含一个附加的安全预防措施，其方法是将可触及的可导电的零件与已安装的固定线路中的保护（接地）导线连接起来，以这样的方法来使可触及的可导电的零件在基本绝缘损坏的事故中不成为带电体。

Ⅱ类工具：

工具在防止触电的保护方面不仅依靠基本绝缘，而且它还提供双重绝缘或加强绝缘的附加安全预防措施和没有保护接地或依赖安装条件的措施。

Ⅱ类工具分绝缘外壳Ⅱ类工具和金属外壳Ⅱ类工具，在工具的明显部位标有Ⅱ类结构符号。

Ⅲ类工具：

工具在防止触电的保护方面依靠由安全特低电压供电和在工具内部不会产生比安全特低电压高的电压。

建筑施工现场在使用手持电动工具方面有如下要求：

(1) 在建筑施工现场一般使用Ⅱ类电动工具，尤其在露天、潮湿及狭窄场所或在金属构架上操作时，严禁使用Ⅰ类手持电动工具；

(2) 各施工人员要听从专业电工安排，出现问题请电工处理，用完后交电工保管；

(3) 使用前应进行检查，外壳、手柄、负荷线、插头、漏电开关等必须完好无损。作空载试验运转，观察碳刷火花，听机械传动声响是否正常，如无异常现象，方可使用。

(4) 手持电动工具应采用移动式开关箱，内装漏电保护器，工作前应检查电源电压是否与铭牌标记一致。使用时负荷线不受外力作用；转移工作点应切断电源，不准将负荷线接长而出现接头；

(5) 手持电动工具大多为40%断续工作制，切勿长期连续使用，严禁用杠杆加压，以避免温升超高，烧毁电机。

(6) 工作完毕，应及时将插头从电源上拨出。

8. 注意成品保护

在施工现场，各施工人员都有保护产品的义务，特别是要严防各种对成品的盗窃行为。个别施工人员由于素质较低，被利欲熏昏了头脑，利用现场材料混杂，管理松懈等条件，在现场进行偷窃活动，这种现象是必须打击的。因为在现场偷窃建筑材料，一则影响整个工程的工期和质量，严重的会造成重大的安全事故，这在建筑施工现场已不无先例，曾经有施工人员在盗窃现场带电的临时电缆中触电死亡，也有偷窃已安装好的电线电缆，在送电过程中，造成他人死亡的事例。所以说，偷窃行为在建筑施工现场是明令禁止的，各施工人员也有义务同各类偷窃行为作斗争。

9. 正确进行事故处理

建筑施工现场在发生事故后，往往由于采取的各项措施不力，破坏了事故现场，导致不能正确判断事故发生的原因；延误了伤员的救护时间，致使伤员死亡。因此，建筑施工现场在发生事故后采取正确的应急措施是非常重要的。那么在发生事故后应该如何处理呢？主要从两方面着手：一方面是紧急救护伤员，另一方面是正确保护现场。

（1）紧急救护伤员

当发现有伤亡事故发生时，要采取必要措施抢救人员和财产，将伤员脱离危险区，防止事故扩大。有必要现场采取紧急救护方法的，要现场实施，这在后面有专门介绍。同时要迅速报告上级部门和领导，并迅速备车送往医院或急救中心抢救。抢救时选送医院应该注意到伤害部位，尽可能送往专科医院。

（2）正确保护现场

当发生伤亡事故后，要迅速保护现场。因为保护事故现场是进行伤亡事故调查、分析的首要环节。现场的原始状态以及现场遗留的痕迹、物证，是事故发生的原因、经过和损失、后果的客观反映，它同造成事故的人的不安全行为和物的不安全状态有着内在的联系。通过对现场痕迹、物证的勘察分析，有助于找出事故的原因，分清事故的责任，制定预防事故的措施。所以发生事故后一定要保护好现场。

那么如何保护现场呢？

保护事故现场，从事故发生到有关部门的人员赶到事故现场前，一般都有一段间隔的时间，在这段时间里，要保护现场的原始状态，防止受自然条件或人为有意无意的破坏。事故现场范围应设警戒，派人看守，或用绳索、撒白灰等方法标示出警戒区，禁止无关人员进入保护范围；更不允许其他部门人员擅自进入现场勘察。采取抢险、急救措施时要做好现场变动记录和拍照、录像。

10. 在现场施工过程中，要认真接受各级管理人员的监督检查，包括安全检查、消防保卫检查和文明施工检查，虚心听取监督部门的意见，服从领导，对提出的有关意见及时改正，对确因自己违章而导致的处罚认真接受并保证不再重复发生。

在施工生产中还存在这样的现象，即某些管理人员存在"三违"（违章指挥、违章作业、违反劳动纪律）现象，在安排工作时属违章指挥，例如安排非特种作业人员从事特种作业、命令施工人员到无防护设施的部位冒险作业等等，遇到此类情况，作为被指挥者，有权依据《劳动法》中的规定拒绝施工，如果某些管理人员施以高压方式强令施工人员违章作业时，施工人员可向上级单位投诉，以维护自身权力，保证自身的安全。

第三节 伤亡事故与紧急救护

一、伤亡事故的分类

建筑施工现场复杂又变换不定，在有限的场所集中了大量的工人、建筑材料、机械设备等进行作业，这样就存在较多的不安全因素，容易导致多种伤亡事故发生，主要的伤亡类别有如下几种：

（1）高处坠落：由于建筑施工随着生产的进行，建筑物向高处发展，从而高空作业现场较多，因此，高处坠落事故是主要的事故，占事故发生总数的35%～40%，多发生在洞口、临边处作业，脚手架、模板、龙门架（井字架）等上面作业中。

（2）物体打击：建筑工程由于受到工期的约束，在施工中必然安排部分的或全面的交叉作业，因此，物体打击是建筑施工中的常见事故，占事故发生总数的12%～15%。

（3）触电事故：建筑施工离不开电力，这不仅指施工中的电气照明，更主要的是电动机械和电动工具。触电事故是多发事故，近几年已高于物体打击事故，居第二位，占建筑施工事故总数的18%～20%。

（4）机械伤害，主要指垂直运输机械或机具、钢筋加工、混凝土搅拌、木材加工等机械设备对操作者或相关人员的伤害。这类事故占事故总数的10%左右，是建筑施工中的第四大类事故。

（5）坍塌：随着高层和超高层建筑的大量增加，基础工程施工工艺越来越复杂，在土方开挖过程中坍塌事故也就成了施工中的第五类事故了，目前约占事故总数的5%。建筑施工现场还容易发生溺水、中毒等事故。

二、伤亡事故的预防

针对建筑施工现场多发性伤亡事故类型，以及大量伤亡事故中血的教训，经过不断总结和提炼，现将多发性伤亡事故的预防措施做一简要介绍：

（一）预防高空坠落的措施

多年的总结发现高空坠落事故的坠落分布有一定的规律性，如图1-1所示。

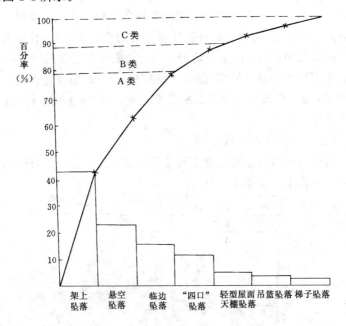

图1-1 高处坠落点分布排列图

从图1-1看出，防止高空坠落的重点是防止架上坠落。于是要求脚手架必须由架子工进行搭设和拆除，脚手架的搭设和拆除必须认真把好十道关口，即安全交底关、材质检查关、尺寸关、铺板关、栏护关、连接关、承重关、上下关、保险关、检验关。其它如悬空坠落、临边坠落等也是事故发生率较高的类别。对防止高空坠落发生最根本的还是从物和人两方面进行落实,物的方面就是要有满足规范规定的防护设施,从人的方面来讲,就是从事高处作业的人员必须满足一定要求,即患有高血压、心脏病、年龄不满18周岁和饮酒以后,均不得从事高空作业;6级以上大风及雷暴雨天,以及夜间施工照明不足的情况下,均不得从事高空作业。

更重要的是高空作业人员要正确使用安全带。在高空作业时,必须把安全带的系绳挂在牢固的结构物、吊环或安全拉绳上,且应认真复查,严防发生虚挂、脱钩等现象。使用安全带系绳长度需要3m以上时,应使用加有缓冲器装置的专用安全带;使用安全带应高挂低用,减少坠落时的冲击高度。安全带的使用期为3~5年,使用期中如发现异常现象,应提前报废,高空作业无处挂安全带时,应专门设置挂安全带的安全拉绳,安全栏杆等,否则,不能施工作业。

(二)物体打击事故

物体打击事故是建筑施工行业重大灾害之一,经过多年统计,其类别的发生率如图1-2所示。

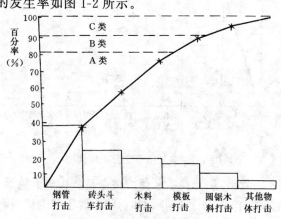

图1-2 物体打击分布排列图

从图 1-2 中看出，钢管、砖头斗车、木料打击是物体打击事故多发的类型，占总数的 80%，是关键项。

预防物体打击事故关键是要有防止物体坠落后伤及人的隔离措施，如尽量避免交叉作业、搭设防护棚等。要求施工人员必须做到：进入施工现场的所有人员，必须戴好符合安全标准的安全帽，并系牢帽带；高处作业人员应配带工具袋，使用的小型工具及小型材料配件等，必须装入工具袋内，防止坠落伤人；高处作业使用的较大工具应放入楼层的工具箱内；施工人员应走专门行走通道等。

（三）防止触电事故

建筑施工行业发生的低压触电事故和高压触电事故的频率和死亡率都比较高，究其原因，从客观条件来分析，建筑施工流动性大，作业环境差，有些还是在水中作业，容易发生触电事故。从主观因素分析，施工人员存在临时观念和麻痹思想，不认真执行电气安全规程、标准，乱拉线、乱接线，非电工随意接线。电气事故发生率分布如图 1-3 所示。

手持电动工具是触电事故发生的重要类别，我们在前面专门介绍，在此不再重述。防止触电事故发生的关键还是要思想重视，克服临时电"临时使用"的思想，严格按规程办事。

（四）防止机械伤害

机械伤害是施工现场伤害事故的一个重要方面，其中起重伤害占的比重较大，图 1-4 列出了起重伤害分布排列图。

防止机械伤害的关键是机械操作严格按操作规程工作。

（五）坍塌事故

坍塌事故分为架体坍塌事故和土石方坍塌事故，该类事故的危害性在于容易造成群死群伤，属经济损失最大的一类，下面图 1-5 列出坍塌伤害分布排列图，必须对此类伤害引起高度的重视。

防止坍塌事故的关键是施工中严格按规程操作，架体按规范搭设，土石方按规定支护或放坡。

(六)中毒事故的预防

施工现场经常使用一些化学添加剂、油漆等有毒有害物质、有时有些作业环境也会发生有毒有害气体,施工现场对这些物质应加强管理,对有毒作业环境应及时处理。对这些有毒有害的物质和气体不能识别,不做处理,就会发生中毒造成死亡事故。

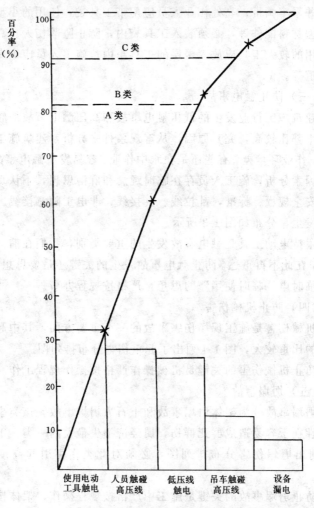

图 1-3 触电伤害分布排列图

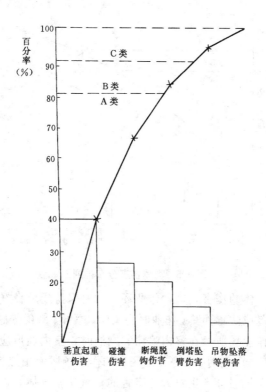

图 1-4 起重伤害分布排列图

在施工现场发生中毒事故的部位主要是:

(1) 人工扩孔桩挖掘孔井时,孔内常有一氧化碳、硫化氰等毒气溢出。特别是在旧河床,有腐殖土等地层挖孔,更易散发出有毒气体,稍一疏忽即会造成作业人员中毒。在这种环境中作业要有防止中毒的措施,下井前要向井下通风,保持井下空气流通,并用毒气检测仪检查孔内的气体,待确认孔内不存在有毒气体后,才能下井。下井时,作业人员要系好能提升的安全腰绳,吊笼索具要安全可靠,井上井下要有联络信号,井上有人监护,一旦发生意外,应能立即将井下作业人员提升到地面进行急救,作业完毕井口不能覆盖,以保持孔内空气流通。

(2) 在地下室、水池、化粪池等部位作业时,作业人员也要

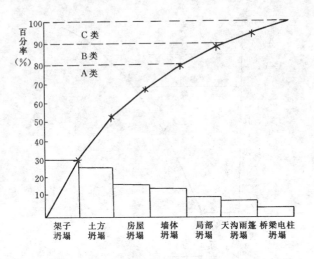

图 1-5 坍塌伤害分布排列图

注意有害气体的伤害,这种作业环境也要保持通风良好。作业人员要戴口罩或防毒面具,作业时有头晕、呕吐、胸闷等感觉时,要立即离开作业场所。在室内喷漆、刷油时,室内通风应良好。

(3)冬季施工时,在寒冷地区有的作业场所使用焦炭取暖、保温,焦炭燃烧时会产生对人体有害的一氧化碳气体,这种作业场所必须经常通风换气。操作者要每隔一段时间就到室外休息一下,作业人员有头晕头痛等异常感觉时,要离开作业场所,到空气流通的地方去休息,待不舒适的症状消失后,再继续作业,防止一氧化碳中毒。

(4)冬季施工中常在混凝土或砂浆里掺放添加剂。目前最常用的是亚硝酸钠,它是剧毒品,任何人食用1g,3min 就会死亡。但它的外型与食用盐、食用碱相似,施工队伍的炊事人员不能识别,经常把它当盐加到汤、菜里食用,造成多人食物中毒,也发生过多人死亡事故。为防止误食化学添加剂,除施工现场加强对这类物品的管理外,在施工现场的食堂不准随便使用不能识别的物品做菜,炊事人员要把厨房的盐、碱加以很好的保管,防止和添加剂混用发生中毒事故。

（5）施工队伍宿舍需要取暖时，所在单位应提供取暖设备，并有专人看管。不能私自在宿舍内生煤火，或用焦炭做燃料取暖，防止产生一氧化碳，造成中毒事故。

三、伤亡事故的紧急救护

发生伤亡事故以后，如果能采取正确的救护措施，防止事态的进一步恶化，抢救及时，就有可能把伤者从死亡线上拉回来，因此了解一些基本的救护常识是必要的。

当出现事故后，首先要把握两条原则，一是不要惊恐，迅速将伤者脱离危险区，如果是触电事故，必须先切断电源，然后采取救护措施；二是要迅速上报上级有关领导和部门，以便采取更有效的救护措施。

对不同的事故现场的救护方法也是不同的，对于高空坠落、物体打击、机械伤害等，只能由医务人员采取救护。而对于触电事故、中暑、中毒等，现场救护则可达到事半功倍的效果，早1min救护，就可增加一分生还的希望。下面分别介绍触电事故、中暑、一氧化碳中毒、亚硝酸钠中毒的一些现场救护知识。

（一）触电事故抢救

1．对症救护处理

（1）假如触电者伤势不重，神志清醒，未失去知觉，但有些内心惊慌，四肢发麻，全身无力，或触电者在触电过程中曾一度昏迷，但已清醒过来，则应保持空气流通和注意保暖，使触电者安静休息，不要走动，严密观察，并请医生前来诊治或者送往医院。

（2）假如触电者伤势较重，已失去知觉，但心脏跳动和呼吸还存在。对于此种情况，应使触电者舒适，安静地平卧；周围不围人，使空气流通；解开他的衣服以利呼吸，如天气寒冷，要注意保温，并迅速请医生诊治或送往医院。如果发现触电者呼吸困难，严重缺氧，面色发白或发生痉挛，应立即请医生作进一步抢救。

（3）假如触电者伤势严重，呼吸停止或心脏跳动停止，或二者都已停止,仍不可以认为已经死亡,应立即施行人工呼吸或胸外心脏挤压,并迅速请医生诊治或送医院。但应当注意,急救要尽快地进行,不能等医生的到来,在送往医院的途中,也不能中止急救。

2. 人工呼吸法

人工呼吸法是在触电者停止呼吸后应用的急救方法。各种人工呼吸法中以口对口人工呼吸法效果最好,而且简单易学,容易掌握。施行人工呼吸前,应迅速将触电者身上妨碍呼吸的衣领、上衣、裤带等解开,使胸部能自由扩张,并迅速取出触电者口腔内妨碍呼吸的食物,脱落的假牙、血块、粘液等,以免堵塞呼吸道。

作口对口人工呼吸时,应使触电者仰卧,并使其头部充分后仰,使鼻孔朝上,如舌根下陷,应把它拉出来,以利呼吸道畅通。

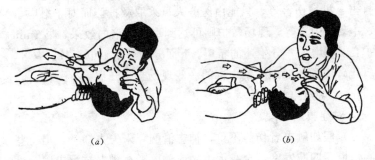

图 1-6 吹气和呼气
(a) 吹气;(b) 呼气

3. 胸外心脏挤压法

胸外心脏挤压法是触电者心脏跳动停止后的急救方法。作胸外心脏挤压时,应使触电者仰卧在比较坚实的地方,在触电者胸骨中段叩击 1～2 次,如无反应再进行胸外心脏挤压。人工呼吸与胸外心脏挤压应持续 4～6h,直至病人清醒或出现尸斑为止,不要轻易放弃抢救。当然应尽快请医生到场抢救。

4. 外伤的处理

如果触电人受外伤,可先用无菌生理盐水和温开水洗伤,再

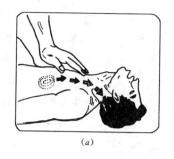 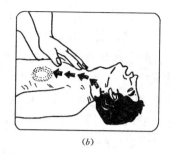

图 1-7 向下挤压和迅速放松
(a) 向下挤压；(b) 迅速放松

用干净绷带或布类包扎，然后送医院处理。如伤口出血，则应设法止血。通常方法是：将出血肢体高高举起，或用干净纱布扎紧止血等，同时急请医生处理。

（二）中暑后抢救

夏季，在建筑工地上劳动或工作最容易发生中暑，轻者全身疲乏无力，头晕、头疼、烦闷、口渴、恶心、心慌；重者可能突然晕倒或昏迷不醒。遇到这种情况应马上进行急救，让病人平躺，并放在阴凉通风处，松解衣扣和腰带，慢慢地给患者喝一些凉开（茶）水、淡盐水或西瓜汁等，也可给病人服用十滴水、仁丹、藿香正气片（水）等消暑药。病重者，要及时送往医院治疗。预防的简便方法是：平时应有充足的睡眠和适当的营养；工作时，应穿浅色且透气性好的衣服，争取早出工，中午延长休息时间，备好消暑解渴的清凉饮料和一些防暑的药物。

（三）一氧化碳中毒抢救

对一氧化碳急性中毒患者的抢救，首先要及时将病人转移至空气新鲜流通处所，使其呼吸道畅通；中毒较重的病人，要给其输氧，促进一氧化碳排出；对已发生呼吸衰竭的患者，要立即进行人工呼吸，直到恢复自动呼吸，再送医院治疗。

（四）亚硝酸钠中毒抢救

虽然亚硝酸钠毒性剧烈，中毒死亡率也较高；但只要抢救及时，方法适当，仍可化险为夷。抢救的办法有以下几种：

1. 迅速洗胃，清除毒物。洗胃一般用 1：5000 的高锰酸钾水冲洗，仰灌或胃管插入均可。同时，要用硫酸镁导泻，排除肠道内的毒物。

2. 对轻微中毒患者，可采用高渗葡萄糖加维生素 C 静脉注射。一般用 50% 葡萄糖 60~100mL 加维生素 C0.5~1g，注入静脉。

3. 血压下降时，可用阿拉明强心剂，但禁用肾上腺素。

4. 对呼吸困难、青紫严重、昏厥休克的严重中毒者，要立即送医院救治。

第二章 施工现场各工序施工的安全要求

建筑施工现场是事故的多发地。对于大多数施工作业人员来讲，由于缺乏基本的自我保护意识和安全操作技能，因而经常发生因工伤亡事故。

在施工生产过程中，要尽可能地消灭生产中的不安全因素，增强施工作业人员的安全意识，尽最大可能控制伤亡事故的发生。从这个角度来讲，作为一名施工作业人员，仅仅了解一些国家安全生产的方针和安全生产的常识是远远不够的。本部分将以施工生产的各道工序入手，就施工生产全过程中存在的一些不安全因素予以剖析，使广大施工作业人员能够全面具体地掌握各工序施工的安全要求确保他们的安全和健康。施工生产的主要阶段包括结构施工和装修施工两个阶段。下面就各阶段分部分项工程施工中施工作业人员应掌握的安全知识及安全注意事项分章节加以介绍。

第一节 结构施工阶段的安全要求

一、土方工程

一项工程，无论是住宅楼、厂房，还是道路、桥梁，均要涉及到土方施工。土方工程是基础施工的前道工序，也是施工中必不可少而且相当重要的一个环节。简言之，土方工程就是通过机械或人工挖出基坑或基槽，在基坑或基槽位置做基础后，进行土方回填的过程。

土方工程的特点是使用机械的频率比较高，场地狭窄，因而容易发生场内车辆伤害事故；由于土方作业量大，土质情况及工艺措施复杂，土方坍塌事故也较频繁。

在土方施工中，不管是土方开挖还是土方回填，都应遵守以下规定：

（一）机械挖土

1. 参加机械挖土的人员要遵守所使用机械的安全操作规程，机械的各种安全装置齐全有效。

2. 土方开挖的顺序应从上而下分层分段依次进行，禁止采用挖空底脚的操作方法，并且应该做好排水措施。

3. 使用机械挖土前，要先发出信号。配合机械挖土的人员，在坑、槽内作业时要按规定坡度顺序作业。任何人不得进入挖掘机的工作范围内。

4. 装土时，任何人不能停留在装土车上。

5. 在有支撑的沟坑中使用机械挖土时，必须注意不使机械碰坏支撑。

（二）人工开挖基坑、基槽

1. 人工开挖时，作业人员必须按施工员的要求进行放坡或支撑防护。作业人员的横向间距不得小于2m，纵向间距不得小于3m，严禁掏洞和从下向上拓宽沟槽，以免发生塌方事故。

2. 施工中要防止地面水流入坑、沟内，以免边坡塌方。

3. 在深坑、深井内开挖时，要保持坑、井内通风良好，并且注意对有毒气体的检查工作，遇有可疑情况，应该立即停止作业，并且报告上级处理。

4. 开挖的沟槽边1m内禁止堆土、堆料、停置机具。1～3m间堆土高度不得超过1.5m，3～5m间堆土高度不得超过2.5m。

5. 开挖深度超过2m时，必须在边沿处设立两道护身栏杆。危险处，夜间应设红色标志灯。

6. 开挖过程中，作业人员要随时注意土壁变化的情况，如发现有裂纹或部分塌落现象，要立即停止作业，撤到坑上或槽上，并报告施工员待经过处理稳妥后，方可继续进行开挖。

7. 人员上下坑沟应先挖好阶梯或设木梯，不得从上跳下或踩踏土壁及其支撑上下。

8. 在软土和膨胀土地区开挖时，要有特殊的开挖方法，作业人员必须听从施工员的指挥和部署，切勿私自作主、冒险蛮干，以免发生事故。

事故案例1：

1988年9月7日，某公司在北京市煤气加压站施工高压煤气管线，此沟7月10日开挖，因为下雨没有及时施工。9月1日清沟，由于没有按规定放坡（要求放坡1∶0.5即放宽1.5m，而实际每边只放了0.9m），上面沟边一米内还堆上了50cm厚的土，边坡也不稳定，致使9月6日两名工人在沟底挖土时，上部土方塌落，两大块土块砸在一名工人头部又将其埋上，该人还未戴安全帽，6min后被大家救上来，送往医院治疗，诊断为严重颅脑损伤、颅底骨折，抢救无效而死亡。见图2-1。事故发生的主要原因：(1) 未按规定放坡；(2) 沟边1m以内堆上了

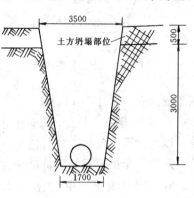

图 2-1　土方开挖图

土方；(3) 本人未戴安全帽，属责任事故，有关人员受到了处分。

事故案例2：

1988年11月某公司在万明寺公寓挖6m深沟加固地下管线，由于没有放坡，致使左侧沟边1m宽的土方塌落，将两名工人埋在土内，经全力抢救，1名得救，1名死亡。见图2-2。事故发生的主要原因：(1) 此土方管线施工没有施工方案，更没有安全技术措施；(2) 6m深沟两边没有放坡；(3) 栋号长、工长没有及时加以制止。

（三）人工开挖扩孔桩

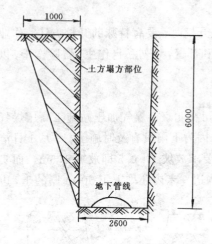

图 2-2 土方开挖图

1. 参加挖孔的作业人员,事先必须检查身体,凡患精神病、高血压、心脏病、癫痫病及聋哑人等不能从事该种作业。

2. 下孔作业人员要系安全绳,必须从专用爬梯上下,严禁沿孔壁或乘运土设施上下。

3. 作业时,孔上监护人员要随时与孔下人员保持联系,不能擅离职守。孔口边 1m 范围内不得有任何杂物,堆土应离孔口边 1.5m 以外。

4. 正在开挖的井孔,每天上班工作前,应对井壁、混凝土支护,以及井孔中气体等进行检查,发现异常情况应立即报告施工员,采取安全措施后,方可继续施工。

5. 挖孔作业进行中,当作业人员下班休息时,必须盖好孔口,或设 800mm 高以上的护身栏。

6. 下井前,应对井孔内气体进行抽样检查,发现有毒气体含量超过允许值时,应将毒气清除后,并不致再产生毒气时,方可下井作业。同时,上班前还要先用鼓风机向孔底通风,必要时应送氧气,然后再下井作业。

7. 挖孔井底需抽水时,应在挖孔作业人员上地面以后再进行。

8. 夜间一般禁止挖孔作业,井下作业人员连续工作时间,不宜超过 4h,应勤轮换井下作业人员。

(四)土方回填

1. 土方回填分机械回填和人工回填,不管用哪种方式回填,作业人员都要按施工员的要求进行施工,严格遵守安全操作规程。

2. 使用推土机回填时，严禁从一侧直接将土推入沟槽（坑），配合施工平整的人员要远离推土机错开作业，以防被机械碰伤。

3. 人工回填用手推车推土时，沟槽（坑）边应设挡板，下方不得有人操作，卸土时不得撒把，以防碰伤他人。

4. 回填土应从基槽两边对称进行，分段分层夯实，切勿一边回填完再回填另一边。

5. 使用蛙式打夯机打夯时，打夯人员必须严格遵守打夯机的安全操作规程。打夯前应对回填的工作面进行清理排除障碍，搬运蛙夯到沟槽中作业时，应使用起重设备，上下槽时选用跳板。操作蛙夯要防止发生触电事故，必须有两个人协同作业，并穿戴好绝缘用品，一人扶夯一人提电线，两人要密切配合，防止拉线过紧和夯打在线路上造成事故。

6. 回填土方时，作业人员不要太密集，作业现场严禁追逐打闹，以防使用的工具（铁锹等）碰伤他人。

二、钢筋工程

钢筋是钢混结构中必不可少的原材料之一，钢筋混凝土结构不仅能承受压力，而且能抵抗拉力。现今的建筑工程中大多为钢筋混凝土结构，故钢筋在这种结构中也占有极其重要的地位，所以钢筋施工也是建筑施工中必不可少的一道工序。钢筋施工包括钢筋的加工制作和钢筋绑扎两个方面。钢筋的加工制作是钢筋绑扎的紧前工序，在钢筋的加工制作过程中一般均要使用钢筋加工机械，因而在实际工作中经常发生机械伤害事故和触电事故；钢筋绑扎一般均为手工操作，而且是批量作业，因施工的部位不同，作业的条件也不尽相同，因而，现场施工的防护要点也不尽相同，下面介绍钢筋工程的安全要点。

（1）施工现场的钢材、半成品在运输或储存时，必须保留标牌，并应按规格、品种分别堆放整齐。

（2）钢筋调直、切断、弯曲、除锈、冷拉等各道工序的加工机械必须保证安全装置齐全有效，动力线路用钢管从地坪下引入，机壳要有保护零线。

(3) 制作成型钢筋时，场地要平整，工作台要稳固，照明灯具必须加网罩。

(4) 钢筋加工场地必须设专人看管，各种加工机械在作业人员下班后一定要拉闸断电，非钢筋加工制作人员不得擅自进入钢筋加工场地。

(5) 冷拉钢筋时，卷扬机前应设置防护挡板，或将卷扬机与冷拉方向成 90°，且应用封闭式的导向滑轮，冷拉场地禁止人员通行或停留，以防被伤。

(6) 多人运送钢筋时，起、落、转、停动作要一致，人工上下传递不得在同一垂直线上，在建筑物内的钢筋要分散堆放，脚手架上不可过多堆放钢筋，以免造成脚手架局部负荷过重而倒塌。

(7) 使用塔吊等垂直运输工具吊运钢筋时，必须由专业信号工指挥，其他配合人员要听从指挥。

(8) 起吊钢筋骨架，下方禁止站人，待骨架降落至距安装标高 1m 以内方准靠近，并等就位支撑好后，方可摘钩。

(9) 在高空、深坑绑扎钢筋和安装骨架，必须搭设脚手架和马道。

绑扎 3m 以上的柱钢筋必须搭设操作平台，已绑扎的柱骨架应用临时支撑拉牢，以防倾倒。

(10) 绑扎圈梁、挑檐、外墙、边柱钢筋时，应搭设外脚手架或悬挑架，并按规定挂好安全网。脚手架的搭设必须由专业架子工搭设且符合安全技术操作规程。

三、模板工程

模板是建筑工程中必须使用的工具材料之一，是使混凝土构件按所要求的几何尺寸成型的模型板。模板根据其形式，可分为整体式模板、定型模板、工具式模板、翻转模板、滑动模板、胎模等。按材料不同又可分为木模板、钢模板、钢木模板、铝合金模板、塑料模板、玻璃钢模板等。目前在实际工程中大量使用组合式定型钢模板及钢木模板。

模板系统包括模板和支架系统两大部分，这两部分应具有足够的强度、刚度和稳定性，才能可靠地承受新浇筑混凝土的重量和侧压力，以及在施工过程中所产生的荷载而不致发生事故。随着城市建设的飞速发展，在目前的工程建设中现浇结构的数量愈来愈大，模板的使用数量及频率也愈来愈大，相应模板施工中所发生的事故也愈来愈多。模板工程中经常发生的事故有模板整体倒塌、炸模、胀凸等。因此施工作业人员在模板施工中要特别预防该类事故的发生。模板施工主要包括模板的安装和拆除两部分。下面重点介绍现浇整体模板的安装、大模板的安装及模板拆除施工中的安全要求。

（一）现浇整体式模板的安装

1. 现浇整体式模板包括基础模板、柱模板、梁模板、现浇楼板模板、圈梁模板、雨篷模板、楼梯模板。不管哪一部分模板的安装，都应该使模板及其支架系统整体稳定、结构安全可靠。

2. 小钢模在运输及传递过程中，要放稳接牢，防止倒塌或掉落伤人。

3. 模板的支设必须严格按工序进行，模板没有固定前，不得进行下道工序的施工。模板及其支撑系统在安装过程中必须设置临时固定设施，而且要牢固可靠，严防倾覆。

4. 使用吊装机械吊装单片柱模时，应采用卡环和柱模连接，严禁用钢筋钩代替，以避免柱模翻转时脱钩造成事故，待模板立稳后并拉好支撑，方可摘取卡环。

5. 严禁在模板的连接件和支撑件上攀登上下，严禁在同一垂直面上安装模板。

6. 支设高度在3m以上的柱模板和梁模板时，应搭设工作平台，不足3m的，可使用马凳作业，不准站在柱模板上操作和在梁底模上行走，更不允许利用拉杆、支撑攀登上下。

7. 用钢管和扣件搭设双排立柱支架支承梁模时，扣件应拧紧，横杆步距按设计规定，严禁随意增大。

8. 墙模板在未装对拉螺栓前，板面要向后倾斜一定角度并撑牢，以防倒塌。安装过程中要随时拆换支撑或增加支撑，以保持墙模处于稳定状态。模板未支撑稳固前不得松开卡环。

9. 平板模板安装就位时，要在支架搭设稳固，板下横楞与支架连接牢固后进行。U形卡要按设计规定安装，以增强整体性，确保模板结构安全，防止整体倒塌。

（二）大模板的安装

1. 大模板是一种大尺寸的工具式模板，重量比较大，目前多用于多、高层建筑施工中现浇钢筋混凝土墙体的支模。由于其特有的大重量，施工作业人员要特别注意防止其倒塌伤人。

2. 为防止大模板倒塌，存放在施工楼层上的大模板应有可靠的防倾倒措施。在地面存放时，两块大模板应采用板面对板面的存放方法，长期存放应将模板连成整体。对没有支撑或自稳角不足的大模板，应存放在专用的堆放架上，或者平卧堆放，严禁靠放到其他模板或构件上，以防下脚滑移倾翻伤人。

3. 大模板安装时，必须由塔吊等吊运机械配合施工，作业人员必须严格遵守机械的安全操作规程。

4. 吊装模板时，指挥、拆除和挂钩人员必须站在安全可靠的地方方可操作，严禁任何人随大模板起吊，安装外模板的操作人员应挂安全带。

5. 作业人员安装大模板要严格按照操作顺序进行，各种连接件、附件等绝不能省略。同时在安装过程中要有操作平台、上下梯道、防护栏杆等附属设施。

6. 大模板安装时作业人员要团结协作、互相照应。重点是要防止模板的倾倒，当模板安装就位各支撑均稳固后方可摘钩，未就位和未固定前不得摘钩。

7. 大模板安装就位后，为便于混凝土浇筑，两道墙模板平台间应搭设临时走道，严禁在外墙板上行走。

8. 当风力超过5级时，要停止大模板的吊装作业。

事故案例：

1988年7月31日，某公司一名钢筋工在方庄住宅区8号楼14层大模板工作台上调整内墙板钢筋，由于临边没有防护，用力不慎从工作台上掉下,落差2.7m,工人未戴安全帽,头部碰在大模板角钢支撑上,送医院抢救无效死亡。主要原因:(1)大模板工作台上无防护栏杆;(2)工人未戴安全帽。

(三)模板的拆除

1. 任何部位模板的拆除必须经过施工员许可,其混凝土达到规定强度时方可拆除,作业人员切不可私自作主拆除模板,以防发生重大事故。

2. 高处、复杂结构模板的拆除,应有专人指挥和切实的安全措施,并在下面标出工作区,严禁非操作人员进入作业区。

3. 模板拆除工作前,作业人员要事先检查所使用的工具是否完好牢固,搬手等工具必须用绳链系挂在身上,工作时思想要集中,防止钉子扎脚和从空中滑落。

4. 作业人员在拆除模板过程中,如发现混凝土有影响结构安全的质量问题时,应暂停拆除,报告施工员经过处理后方可继续拆除。

5. 拆除模板一般应采用长撬杠,严禁作业人员站在正拆除的模板上。拆模时不要用力过猛,拆下来的模板要及时运走、整理、堆放以利再用。

6. 拆除模板必须严格按照工艺程序进行,一般是后安装的先拆,先安装的后拆,最好是作业人员谁安装的谁拆除。严禁作业人员在同一垂直面上拆除模板。

7. 已拆除的模板、拉杆、支撑等应及时运走或是妥善堆放,严防操作人员因扶空、踏空而坠落。模板拆除后其临时堆放处距离楼层边沿不小于1m,且堆放高度不得超过1m。楼层边口、通道口、脚手架边缘处,严禁堆放任何拆下的物件。

8. 模板拆除间隙应将已活动的模板、拉杆、支撑等固定牢固,严防突然掉落、倒塌等意外伤人。

9. 拆除基础及地下工程模板时,应先检查基槽(坑)土壁的状况,发现有松软、龟裂等不安全因素时,必须在采取防范措施后方可下人作业,拆下的模板和支承杆件不得在离槽(坑)上口

1m 以内堆放,并随拆随运。

10. 拆除高度在 3m 以上的模板时,应搭设脚手架或操作平台,并设防护栏杆。拆除时应逐块拆卸,不得成片松动和撬落或拉倒。作业人员严禁站在悬臂结构上面敲拆底模。

11. 作业人员不可挤拥在一起,每个人应该有足够的工作面,多人同时操作时,应注意配合,统一信号和行动。

四、混凝土工程

混凝土是建筑工程中应用最广泛的材料。混凝土工程包括配料、拌制、运输、浇筑、养护、拆模等一系列施工过程。近年来由于生产和科研的发展,混凝土工程施工技术有了很大的进步,混凝土的拌制均做到了机械化和半机械化,人工操作比较多的主要体现在混凝土的浇筑施工中。因此加强混凝土浇筑施工中的安全是混凝土施工中重要的一个环节。在混凝土浇筑过程中由于涉及到混凝土振捣,经常发生触电事故。本章将重点介绍混凝土在浇筑过程中应注意的安全事项。

1. 混凝土浇筑作业包括混凝土的垂直运输、灌注、振捣等施工过程,是一个多工种人员的联合作业,各工种人员必须遵守本工种的安全操作规程。

2. 垂直运输采用塔吊吊运时,必须要有专业信号工指挥,其他人员协同作业听从指挥,互相照应,统一行动,避免发生意外事故。

3. 垂直运输采用井架运输时,手推车车把不得伸出笼外,车轮前后应挡牢,并要做到稳起稳落。

4. 采用泵送混凝土进行浇筑时,输送管道的接头应紧密可靠不漏浆,安全阀必须完好,管道的架子要牢固,输送前要试送,检修时必须卸压。

5. 浇捣拱形结构,应自两边拱脚对称同时进行;浇圈梁、雨篷、阳台,应设防护措施;浇捣料仓下口应先行封闭,并铺设临时脚手架,以防人员下坠。

6. 不得在混凝土养护窑(池)边上站立和行走,并注意窑盖板和地沟孔洞,防止失足坠落。

7. 预应力灌浆,应严格按照规定压力进行,输浆管应畅通,阀门接头要严密牢固。

8. 浇筑框架、梁、柱、雨篷、阳台的混凝土时,应搭设操作平台,并有安全防护措施,严禁直接站在模板或支撑上操作,以避免踩滑或踏断而发生坠落事故。

9. 浇筑混凝土若使用溜槽时,溜槽必须固定牢固,若使用串筒时,串筒节间应连接牢靠。在操作部位应设护身栏杆,严禁直接站在溜槽帮上操作。

五、预制构件吊装工程

预制构件吊装是用各种起重机械将预制的结构构件安装到设计位置的施工过程。预制构件吊装是施工现场施工过程中安全工作的重要环节,由于该施工过程中要使用到比较大的起重机械,且吊装的构件一般重量都比较大,因此吊装过程中稍有不慎就会发生伤亡事故,如果一旦发生事故不是机毁人亡,就是造成构件损坏,后果将十分严重。所以,在预制构件的吊装工程中要重点防止机械伤害事故的发生,同时在施工中要注意以下重要环节:

1. 预制构件吊装施工中所使用的索具和设备,如钢丝绳、吊钩、卡环、倒链等必须性能可靠、符合安全要求。

2. 用来吊运安装的起重机械必须安全装置齐全有效,起重机的司机和信号指挥工要经过培训考核后持证上岗,且所有作业人员都必须遵守起重机械的安全操作规程。

3. 高处吊装作业应由经过体检合格的人员担任,禁止酒后或严重心脏病患者从事起重吊装的高处作业。高处作业人员使用的工具、零配件等,必须放在工具袋内,严禁随意丢掷,以防掉落伤人。

4. 吊装前,预制构件一定要绑扎牢固,作业人员分工合作,并有专人指挥,严格按吊运安装程序进行,切不可私做主张,冒险蛮干,以防发生重大事故。

5. 预制构件在运输过程中必须保证不变形过大,不损坏;要支垫稳妥，捆绑牢固，运输道路应平整坚实，尽可能地避开各种障碍物。

6. 预制构件吊装作业时，非本工种作业人员不得进入构件吊装现场。严禁任何人在已吊起的构件下停留或穿行，已吊起的构件不准长时间停在空中。

7. 构件吊装就位，必须放置平稳牢固后，方准松开吊钩或拆除临时固定，未经固定，不得进行下道工序，或在其上行走。

8. 预制构件在安装、校正时，作业人员要站在操作平台上进行作业，切要佩带安全带。作业人员如需在屋架上弦行走，则应在上弦上设置安全绳方可行走。

9. 预制构件起吊前，必须将模板全部拆除堆放好，严防构件吊起后模板坠落伤人。

10. 遇6级以上大风、或大雨、大雪等恶劣天气时，要停止预制构件的吊装作业。

六、砌筑工程

砌筑工程是建筑工程中必不可少而且十分重要的一部分，一座建筑物无论大小和高低，都要有砖石砌体。砖石砌体在房屋结构中起着围护、挡风防雨、隔热、保温、承重等作用。砖砌体主要用于墙体结构，石砌体主要用于基础结构。

在一般建筑工程中，墙体的工程量在整个建筑工程中占据相当大的比重，其造价占建筑总造价的30%~40%。因此，做好墙体施工是相当重要的。由于在施工过程中砌筑方法不当，或作业人员马虎从事，致使造成墙体或房屋倒塌的事例屡见不鲜，给人民生命财产造成重大损失，故施工作业人员在砌筑施工中要严格注意以下问题：

1. 砖墙砌筑施工中，作业人员要严格按照砖墙的砌筑工艺进行作业，严防已砌好的砖墙倒塌伤人。

2. 砌筑施工中所使用的砂浆、砖、砌块等必须经过验收合格，强度标号达到设计要求，禁止使用不合格材料或强度达不到要求的砂浆进行砌筑，以免造成事故。

3. 砌筑施工时必须按施工组织设计所确定的垂直和水平运输方案进行材料的输送。用吊笼进行垂直运输时，不得超载，吊笼的滑车、绳索、刹车等必须满足负荷和安全要求。

4. 用起重机吊运砖时，应采用砖笼，不得直接放于跳板上，在吊臂的回转范围内下面不得行人或停留。吊砂浆的料斗不能装得过满。

5. 用手推车推砖时，前后两车要保持相应的安全距离，在平道上不应小于2m，坡道上不应小于10m，严禁撒把，以防两车相撞或撞伤他人。

6. 作业人员从砖垛上取砖时，应先取高处后取低处，防止砖垛倒塌砸人。砍砖时应面向内打，以免碎砖落下伤人。

7. 当砌筑的砖墙超过胸部以上时，要搭设好操作平台，不准用不稳定的工具或物体在脚手板面垫高作业。

8. 作业人员严禁在墙顶上站立划线、刮缝、清扫墙柱面和检查大角垂直等工作，以防发生坠落事故。

9. 砌好的墙体，当横隔墙很少不能安装楼板或屋面板时，要设置必要的支撑，以保证其稳定性，防止大风刮倒。

七、脚手架工程

脚手架是建筑施工中必不可少的临时设施，结构施工、现浇框架混凝土浇筑、模板支设、砖墙砌筑、墙面抹灰、装饰和粉刷等均需要搭设脚手架。作业人员在上面进行施工操作，堆放建筑材料，有时还要在上面进行短距离水平运输。因此，脚手架在建筑施工中起着重要的作用。

脚手架的搭设质量对施工作业人员的人身安全有着直接的影响。如果架子搭设的不牢固、不稳定，不但架子工自己容易发生事故，而且对其他施工人员也会造成危害，如果一旦发生事故，将是比较严重的重大伤亡事故，下面对这部分内容作详细介绍。

（一）脚手架的使用性能要求

1. 要有足够的牢固性和稳定性，施工期间在允许荷载和气候条件下，不产生变形、倾斜或摇晃现象，确保施工人员人身安全。

2. 要有足够的工作面，能满足工人操作、材料堆放以及手推车等短距离运行的需要。

3. 因地制宜，就地取材，尽量节约用料。

4. 构造简单，装拆方便，并能多次周转使用。

（二）脚手架的分类

脚手架的种类很多，按其搭设位置不同，可分为外架子和里架子两大类；按使用材料不同，可分为木架子、竹架子、金属脚手架，其中又有钢管架子和角钢架子。按使用用途不同，可分为结构架和装修架；按构造形式不同，又可分为多立杆式、框式、桥式、吊、挂、挑式以及适用于层间操作的工具式脚手架等。

选择脚手架的类型，要根据工程特点、材料配备以及施工方法等因素来决定，力求达到安全、坚固、适用和经济。

（三）脚手架施工的安全要点

脚手架施工包括搭设和拆除。

1. 脚手架搭设的基本安全要求

（1）不管搭设哪种类型的脚手架，脚手架所用的材料和加工质量必须符合规定要求，绝对禁止使用不合格材料搭设脚手架，以防发生意外事故。

（2）一般脚手架必须按脚手架安全技术操作规程搭设，对于高度超过 15m 以上（6 层住宅楼施工用脚手架可视为一般脚手架）的高层脚手架，必须有设计、有计算、有详图、有搭设方案，有上一级技术负责人审批，有书面安全技术交底，然后才能搭设。

（3）对于危险性大而且特殊的吊、挑、挂、插口、堆料等架子也必须经过设计和审批，编制单独的安全技术措施，才能搭设。

（4）确保脚手架整体平稳牢固，并具有足够的承载力，作业人员搭设时必须按要求与结构拉接牢固。

（5）搭设时认真处理好地基，确保地基具有足够的承载力，垫木应铺设平稳，不能有悬空，避免脚手架发生整体或局部沉降。

(6) 搭设的脚手架要有可靠的安全设施。

1) 按规定设置挡板、围栅或安全网；

2) 必须有良好的防电、避雷装置、接地设施；

3) 做好楼梯、斜道等防滑措施。

(7) 脚手架的操作面必须满铺脚手板，木脚手板有腐朽、劈裂、大横透节、有活动节子的均不能使用。使用过程中严格控制荷载，确保有较大的安全储备，避免因荷载过大造成脚手架倒塌。

(8) 6 级以上大风、大雪、大雾天气下应暂停脚手架的搭设及在脚手架上作业。斜边板要钉防滑条，如有雨水、冰雪，要采取防滑措施

(9) 因故闲置一段时间或发生大风、大雨等灾害性天气后，重新使用脚手架时必须认真检查加固后方可使用

事故案例 1：

1985 年 4 月 2 日，某公司在企业培训中心教学楼工地砌内墙，楼板到上梁底 3.3m，架子高 2.1m，只用了 3 根立杆，间距为 2.8m，没有大横杆和扫地杆，脚手板搭接不足 10cm，严重失稳。当三个瓦工砌完一面墙准备转移工作面，其中两人已下架，一个清完灰桶往下扔时，架子晃动，脚手板脱落，人随板坠地死亡。主要原因：(1) 严重违反脚手架搭设规程；(2) 架子搭设后没有组织验收就使用；(3) 操作人员未带安全帽，严重违章。

事故案例 2：

1985 年 9 月 4 日，某公司在电子计算中心工程，铺八层屋面钢模，一人站在离 7 层楼面 2.75m 高的钢管架子的小横杆上操作，当铺到第 17 块时，人体失稳直落地面死亡。主要原因：(1) 工人虽然戴了安全帽，但因没有系好帽带，落地时帽离开头部，没有起到防护作用。(2) 操作架上没有按规定铺脚手板，没有防护，违章指挥。

2. 脚手架拆除的基本安全要求

(1) 脚手架拆除作业是比较危险的作业环节，作业人员必须

听从指挥，严格按方案和操作规程进行拆除，防止脚手架大面积倒塌和物体坠落砸伤他人。

(2) 脚手架拆除时要划分作业区，周围用栏杆围护或竖立警戒标志，地面设有专人指挥，严禁非专业人员入内。

(3) 作业人员必须严格按顺序拆除，一般应遵循由上而下，先搭后拆，后搭先拆的原则，做到一步一清依次进行，严禁上下同时进行拆除作业。

(4) 拆除时要统一指挥，上下呼应，动作协调，当解开与另一人有关的结扣时，应先通知对方，以防坠落。

(5) 在大片架子拆除前应将预留的斜道、上料平台等先行加固，以便拆除后能确保其完整、安全和稳定。

(6) 拆下的材料，应用绳索拴住，利用滑轮徐徐下运，严禁抛掷，运至地面的材料应按指定地点，随拆随运，分类堆放，当天拆当天清，拆下的扣件或铁丝等要集中回收处理。

(7) 脚手架拆除过程中不能碰坏门窗、玻璃、水落管等物品，也不能损坏已做好的地面和墙面等。

(8) 在脚手架拆除过程中，不得中途换人，如必须换人时，应将拆除情况交待清楚后方可离开。

事故案例1：

1985年3月8日，某公司在长安机器厂设计所办公楼工程，拆除大楼前沿西段的脚手架，长24m、高20m，共11步架，由于过早拆除架子与墙体拉结，致使发生倒塌，造成2名农民工死亡。主要原因：(1) 民工上架后先将6步架以上与墙体拉结的15处铅丝都剪断，致使脚手架失稳而倒塌。(2) 拆除架子无方案、无安全交底，又无老工人带领，民工缺乏安全操作知识，盲目蛮干。

事故案例2：

1980年4月11日，某公司在石化区公安分局工地拆除办公楼东头外架子，架子工杨某站在第11步架的大横杆上，身体在架子里侧倚靠着十二步架子大横杆，拆除一根4m长的立杆。他用双手将立杆从扣件中拔出随即放下约1m,在身体从12步架大横杆下钻出架外时形成双手和身体均无依靠,坠落死亡。主要原因:(1)高空作业没有防护也不系安全带。(2)在双手握立杆的情况下身体钻出脚手架外,严重违章作业。

八、施工现场料具存放

由于建筑工程的需要,在承建建筑物时,施工现场需要堆放很多建筑材料以及施工机具和易燃易爆物品等,如果这些材料堆放不当,或作业人员疏忽大意,就会导致事故的发生。施工现场料具存放容易发生的事故有倒塌、火灾和爆炸等。因此,作业人员在存放料具时,要重点防止以上事故的发生,同时还要注意以下问题:

1. 作业人员在码放材料和存放机具时,必须严格按有关安全操作规程进行操作,以防发生意外事故。

2. 施工现场的一切材料码放都要整齐和稳固,有支撑的支撑要牢靠,存放脚手杆要设支架。

3. 大模板存放必须将地脚螺栓提上去,下部应垫通长木方,使自稳角成70°~80°对脸堆放。长期存放的大模板必须用拉杆连续绑牢。没有支撑或自稳角不足的大模板,要存放在专用的堆放架内。

4. 大外墙板、内墙板应放置在型钢制作或用钢管搭设的专用堆放架内。

5. 砖、加气块、小钢模码放必须稳固,砖、小钢模码放高度不超过1.5m,加气块码放高度不超过1.8m。脚手架上放砖的高度不准超过三层侧砖。

6. 存放水泥、沙、土、石料等严禁靠墙堆放,易燃、易爆材料,必须存放在专用库房内,不得与其它材料混放。

7. 化学危险物品必须储存在专用仓库、专用场地或专用储存室(柜)内,并设专人管理,以防发生意外事故。

8. 各种气瓶在存放和使用时,要距离明火10m以上,并且避免在阳光下暴晒,搬动时不得碰撞。

事故案例：

1984年2月15日，某公司在国际信托工程临时料场修理电梯导轨架，边上有两块大模板，存放角度近于垂直，且未用杉杆拉牢，一工人修理时不慎将150kg重的导轨架弄倒，碰到大模板，一工人的头部挤在导轨架与模板之间的空隙处，造成严重颅脑损伤，经抢救无效死亡。主要原因：（1）大模板堆放违反规定，角度近90°；（2）工人违章作业，在大模板边修导轨架。

第二节 装修施工阶段的安全要求

一项工程结构施工完之后就要进入装修施工阶段。装修施工一般都是多工种交叉作业，且作业空间相对比较狭小，施工中的不安全因素亦较多，因而也常常发生伤害事故。装修阶段比较容易发生的事故有火灾、触电、高处坠落等。

一、屋面工程

屋面工程的施工是装修施工中重要的一环。一般屋面施工均包括隔气层、保温层、和防水层的施工等几个步骤。屋面施工的质量特别是防水层的质量将直接影响建筑物的使用情况，而安全施工则是保证质量的前提。

施工作业人员在施工中应注意以下问题：

1. 屋面施工作业前，在屋面周围要设防护栏杆，屋面上的孔洞应加盖封严，或者在孔洞周边设置防护栏杆，并加设水平安全网，防止高处坠落事故的发生。

2. 屋面防水层一般为铺贴油毡卷材。从事这部分作业的人员应为专业防水人员，对有皮肤病、眼病、刺激过敏等患者，不宜参加此项工作。作业过程中，如发生恶心、头晕、刺激过敏等情况时，应立即停止操作。

3. 作业人员不得赤脚、穿短裤和短袖衣服进行操作，裤脚袖口应扎紧，并应配带手套和护脚。作业过程中要遵守安全操作规程。

4. 卷材作业时，作业人员操作应注意风向，防止下风方向作业人员中毒或烫伤。

5. 存放卷材和粘结剂的仓库或现场要严禁烟火，如需用明火，必须有防火措施，且应设置一定数量的灭火器材和沙袋。

6. 高处作业人员站距不得过分集中，必要时应挂安全带。

7. 屋面施工作业时，绝对禁止从高处向下乱扔杂物，以防砸伤他人。

8. 雨、霜、雪天必须待屋面干燥后，方可继续进行工作，刮大风时应停止作业。

事故案例：

1987年4月，北京某建筑公司在施工某厂职工食堂用单层石棉瓦覆盖的屋面，混凝土工某某塞完缝后准备下去，踩在檩条空档处，把瓦踩断，从5m高的屋顶坠落，送往医院抢救无效死亡。主要原因：(1)在石棉瓦上作业无安全防护措施，既无铺板下面也没挂安全网；(2)没有向工人进行安全交底。

二、抹灰工程

抹灰工程是建筑装饰工程中不可缺少的分部分项工程之一。抹灰的重点部位一般在墙体和顶棚，它包括一般抹灰和装饰抹灰。不管在什么部位或采取哪一种抹灰形式，保证安全，保证质量是至关重要的。高处抹灰作业时，要防止高处坠落事故的发生，同时要防止坠落物伤人。为了确保施工作业中的安全，作业人员应特别注意以下问题：

1. 墙面抹灰的高度超过1.5m时，要搭设马凳或操作平台，大面墙抹灰时，要搭设脚手架，高处作业人员要系挂安全带。

2. 抹灰用的各种原材料要经过检验合格，砂浆要有足够的粘结力和符合强度要求，确保已抹完的灰不掉落。

3. 提拉灰斗的绳索要结实牢固，严防绳索断裂坠落伤人。

4. 施工作业中要尽可能避免交叉作业，抹灰人员不要在同一垂直面上工作。

5. 作业人员要分散开，每个人保证有足够的工作面，使用的工具灰铲、刮杠等不要乱丢乱扔。

三、油漆涂料工程

每一座建筑物或构筑物的装饰和装修均离不开油漆涂料工程。由于各类油漆或涂料均易燃或有毒，因此作业人员在进行油漆涂料施工时要特别防止发生火灾和中毒。同时，作业人员还应注意以下事项。

1. 各类油漆，因其易燃或有毒，故应存放在专用库房内，不允许与其它材料混堆。对挥发性油料必须存于密闭容器内，并设专人保管。

2. 使用煤油、汽油、松香水、丙酮等易燃物调配油料，操作人员应配带好防护用品，不准吸烟。

3. 墙面刷涂料当高度超过 1.5m 时，要搭设马凳或操作平台。

4. 沾染油漆或稀释油类的棉纱、破布等物，应全部收集存放在有盖的金属箱内，待不能使用时应集中消毁或用碱剂将油污洗净以备再用。

5. 操作人员在涂刷红丹防锈漆及含铅颜料的油漆时，要注意防止铅中毒，作业时要戴上口罩。

6. 刷涂耐酸、耐腐蚀的过氯乙烯漆时，由于气味较大，有毒性，在刷漆时应戴上防毒口罩，每隔 1h 应到室外换气一次，同时还应保持工作场所有良好的通风。

7. 遇有上下立体交叉作业时，作业人员不得在同一垂直方向上操作。

8. 油漆窗子时，严禁站或骑在窗槛上操作，以防槛断人落。刷外开窗扇漆时，应将安全带挂在牢靠的地方。刷封檐板应利用外装修架或搭设挑架进行。

9. 涂刷作业过程中，操作人员如感头痛、恶心、心闷或心悸时，应立即停止作业到户外换取新鲜空气。

四、玻璃工程

玻璃是建筑工程中常用的装修材料之一。在安装施工时要重点注意以下事项：

1．作业人员在搬运玻璃时应戴手套，或用布、纸垫住将玻璃与手及身体裸露部分隔开，以防被玻璃划伤。

2．裁划玻璃要小心，并在规定的场所进行。边角余料要集中堆放，并及时处理，不得乱丢乱扔，以防扎伤他人。

3．安装玻璃时作业人员所使用的工具要放入工具袋内，随安随取，同时严禁将铁钉含于口内。

4．门窗等安装好的玻璃应平整、牢固，不得有松动现象；并在安装完后，应随即将风钩挂好或插上插销，以防风吹窗扇碰碎玻璃掉落伤人。

5．天窗及高层房屋安装玻璃时，施工点的下面及附近严禁行人通过，以防玻璃及工具落掉伤人。

6．安装窗扇玻璃时要按顺序依次进行，不得在垂直方向的上下两层同时作业，以避免玻璃破碎掉落伤人。大屏幕玻璃安装应搭设吊架或挑架从上至下逐层安装。

7．安装完后所剩下的残余破碎玻璃应及时清扫和集中堆放，并要尽快处理，以避免玻璃碎屑扎伤人。

五、吊顶工程

在建筑物或构筑物的装饰装修施工中，经常要涉及吊顶施工。由于吊顶所使用的材料一般都具有可燃性，因此作业人员要特别防止发生火灾。同时在吊顶施工中还经常发生高处坠落事故。因此，在吊顶施工时应注意以下安全事项：

1．无论是高大工业厂房的吊顶还是普通住宅房间的吊顶均属于高处作业，因此作业人员要严格遵守高处作业的有关规定，严防发生高处坠落事故。

2．吊顶的房间或部位要由专业架子工搭设满堂红脚手架，脚手架的临边处设两道防护栏杆和一道挡脚板，吊顶人员站于脚手架操作面上作业，操作面必须满铺脚手板。

3．吊顶的主、副龙骨与结构面要连接牢固，防止吊顶脱落伤人。

4. 作业人员使用的工具要放于工具袋内，不要乱丢乱扔，同时高空作业人员禁止从上向下投掷物体，以防砸伤他人。

5. 作业人员使用的电动工具要符合安全用电要求，如有需用电焊的地方必须由专业电焊工施工。

6. 作业人员要穿防滑鞋，高大工业厂房的吊顶，搭设满堂红脚手架要有马道，以供作业人员上下行走及材料的运输，严禁从架管爬上爬下。

7. 吊顶下方不得有其他人员来回行走，以防掉物伤人。

六、外墙面砖工程

外墙贴面砖是建筑物和构筑物外墙装修中常用的一种方法，也是装修标准比较高的一种外墙饰面。目前由于多层和高层建筑的日益增多，外墙饰面均处于高空作业下，因此作业人员要严防高处坠落事故的发生。同时，在施工中还要注意以下问题：

1. 外墙贴面砖时先要由专业架子工搭设装修用外脚手架，贴面砖人员于脚手架的操作面上作业，并系挂安全带，操作面满铺脚手板，外侧搭设两道护身栏杆。

2. 脚手架的操作面上不可过量堆积面砖和砂浆。

3. 在脚手架上作业的人员要穿防滑鞋，患有心脏病、高血压等疾病的人员不得从事登高作业。

4. 裁割面砖要在下面进行，无齿锯或切割机要有安全防护罩，作业人员要遵守其安全操作规程，并戴好绝缘手套和防护面罩。

5. 用滑轮和绳索提拉水泥砂浆时，滑轮一定要固定好，绳索要结实可靠，以防绳索断裂掉落物伤人。

6. 遇有大风天气要停止外墙面砖的施工，高处作业的人员禁止从上往下抛掷杂物。

事故案例：

1987 年 4 月 15 日，北京某城建公司在万泉河 5 号楼用吊篮架搞外装饰，工长指派 1 名抹灰工升降吊篮，在用倒链升降时，未挂保险钢丝绳，突然一个倒链急剧下滑 70cm，吊篮随即倾斜，使一名工人从吊篮上摔下死亡。主要原因：(1)升降吊篮应由架子工担任，但工长以架子工紧缺为理由，指派抹灰工操作，抹灰工没有进行培训，作业中不挂保险绳；(2)在吊篮上作业未系安全带；(3)吊篮作业还未完成，首层水平安全网已经拆除，几道防线全部失去作用。

第三节 设备、管道安装施工阶段的安全要求

随着工业的不断发展，安装工程任务越来越重。安装工程范围包括很广，专业也很多，这里介绍的仅是设备、通风、管道安装工程的一般安全防护技术。

一、设备、管道安装工程的特点

设备、通风、管道安装工程与土建工程在施工中有以下不同特点：

1. 高空、深沟、多层交叉作业多。工业厂房管道、通风、设备、容器众多，有些地下埋设，有些高空架设，因此，高空、深沟和多层交叉作业量大，在化工工业和高层建筑施工中尤为明显。

2. 施工对象无几何规则，具有点多、线长的特点。设备要一台一台安装，管道、通风要长距离架设，安全防护量很大。

3. 作业层和作业面变化多，安全防护比较困难。地上、地下和高空零星作业点很多。管道四通八达，有些作业面比较窄小，很难进行安全防护。

4. 专业多，技术复杂，质量要求高，施工队伍安全意识和安全技术操作水平要求高。设备安装精密度高，管道施工要求严密，直接危害劳动者身体健康的有害性作业多，防毒、防火、触电、防爆、防坠落等非常重要。

5. 预留孔洞数量多，面积大，孔洞安全防护比较突出。

设备、管道安装工程施工的这些特点，决定了它的安全防护要比建筑工程难度大，搞起来比较困难，施工人员必须引起高度

重视。

6. 用电作业多。安装中电动工具用得多，有的直接与高低压电源接触，有些还带电作业，因此，防触电是安装施工安全防护的重点。

二、设备、管道安装的一般安全防护技术

从安装施工单位多年来发生的重大伤亡事故原因分析，不论设备、管道安装工程施工有多少不同的特点，建筑工程施工安全防护技术的各项规定，都适用于设备、管道安装工程。也就是说，设备、通风、管道安装工程施工中的安全防护必须按照上面所介绍的建筑工程施工安全防护技术的原则和规定进行。要点如下：

1. 认真搞好安装前准备阶段的安全技术工作。(1) 施工前一定要编制安装工程施工组织设计或施工方案，设计或方案中应有具体针对性的安全技术措施。(2) 对施工地点的周围环境，要认真进行安全检查，有针对性地提出安全予防措施。在安装施工范围内的洞口、坑边临边、升降口等，应有固定的盖板、防护栏杆等防护措施和明显标志，不安全的隐患必须排除，否则不能进行安装作业。(3) 认真搞好安全教育和安全技术交底工作。(4) 凡土建、吊装、安装等几个单位在同一现场施工，必须加强领导，密切配合，做到统一指挥，共同拟定确保安全施工的措施。进行交叉作业，必须设置安全网或其它隔离措施。(5) 在从事腐蚀、放射性和有毒等有害作业时，施工前要认真检查防护措施、劳保用品是否齐全。(6) 要配备一定数量有经验的架子工搭设防护架子，制作一些工具式或者可移动的平台安装架。

2. 设备吊装要有吊装方案，计算好设备的重量，以正确选择机具和吊装方法。有时设备没有铭牌，不知其重量，一定要在吊装前计算清楚，切勿盲目选用。

3. 要搞好设备安装过程中周围孔洞的防护。要满铺跳板或加固定盖板，边安装边拆除，切勿麻痹大意。在安装设备时，凡超过 2m 以上的作业，周围没有安全防护必须戴好安全带。

4. 在挖掘管沟土方时，必须按照土方施工安全防护技术的规定进行。凡深度超过1.5m时，一定要进行放坡或加可靠支撑。管沟土方开挖和埋管，尽量在雨季到来之前或雨季过后进行，并集中力量以最快速度搞完，以保证施工的安全。

5. 架设高空管道操作面必须有可靠的安全防护。能搭脚手架的一定要搭脚手架。管道较短的可以沿管线满搭，操作面要保证有600mm宽，满铺脚手板，并设1.2m高的两道护身栏。每隔20m应搭设人行梯道。管线较长可以分段搭设，搭设一段，施工一段，施工完后再搭设下一段。如果管道很长很多，脚手材料较缺，也可以在下面铺双层水平安全网，搭部分脚手架作辅助的安全防护措施，在屋架下、天棚内、墙洞边安装管道时，要有充足的照明，能搭设脚手架的一定要搭，不能搭就在管道下面铺设双层水平安全网，工人作业时一定要戴安全带，水平安全网要宽于最外边的管道1m以上，以保证管道保温时工人的安全。

6. 在设备、管道安装工程中，对于零星的焊接、修理、检查等作业点的安全防护更不能忽视，坚持不进行安全防护就不能进行施工。

7. 应对输送有毒、有害、易燃介质的管道检查井、管道气体进行分析，特别是死角处一定要抽样分析。如超过允许量，则应采取排风措施，并经再次检查合格方可操作，操作人员必须戴好个人防护用品。

事故案例1：

某市政工程公司在检查下水道管沟时，由于沟内有很浓的硫化氢（H_2S）有毒气体，造成检查的两名工人中毒而死（呼吸0.01%以上时，就发生晕迷和呼吸麻痹）。主要原因：检查前，未进行抽样分析，未采取排风和防毒措施。

事故案例2：

某建筑工程公司，在挖了3m多深的亚砂土排水管沟时，放坡太小（规定放坡1：0.67，实际放坡1：0.1），基本垂直，造成沟壁坍方，将在沟底清土的两名工人埋住，当场死亡。主要原因：没有按土质放坡规定认真进行放坡。

事故案例 3：

1980年3月，北京龙凤山砂石厂安装3号皮带机时，一工人不慎踏在走廊通道旁的下料口上，由于盖板不严踏翻盖板，坠落地面，落差9.5m，经抢救无效死亡。主要原因：下料口尺寸60cm×60cm，而盖板尺寸是100cm×50cm，盖口不严，造成踏翻坠落。

事故案例 4：

1982年6月，某安装公司在化工厂安装8m高通风管，因下面未防护，工人踩在钢管上作业，不慎滑下而死亡。主要原因：(1)安装8m高的通风管下面未搭脚手架进行防护；(2)工人踩在钢管上作业也未戴安全带。

第三章 施工现场各工种作业安全操作规定与要求

施工人员进入施工生产班组从事某一具体岗位工作,除应严格遵守本工种的安全技术操作规程外,还应对本岗作业的危险性及安全规定有所了解,以增强自身的安全素质,提高安全操作技能、有效避免或减少因工伤亡事故的发生。本章就施工现场常见且危险性大的作业工种安全操作规定与要求做以介绍。

第一节 一般工种作业安全操作规定与要求

一、瓦工

(一)瓦工作业安全操作规定与要求

1. 作业前应首先搭设好作业面,在作业面上操作的瓦工不能过于集中,堆放材料要分散且不能超高,上下脚手架应走斜道,在砖墙上做砌筑、划线、检查大角垂直度和清扫墙面等工作。

2. 砌砖使用的工具应放在稳妥的地方,斩砖应面向墙面,工作完毕应将脚手板和砖墙上的碎砖、灰浆清扫干净,防止掉落伤人。

3. 山墙砌完后应立即安装桁条或加临时支撑,防止倒塌。

4. 起吊砌块的夹具要牢固,就位放稳后,方得松开夹具。

5. 在屋面坡度大于25°时,挂瓦必须使用移动板梯,板梯必须有牢固的挂钩。没有外架子时檐口应搭防护栏杆和防护立网。

6. 屋面上瓦应两坡同时进行,保持屋面受力均衡,瓦要放稳。屋面无望板时,应铺设通道,不准在桁条、瓦条上行走。

7. 交叉作业时,要按规定做好安全防护。

(二)瓦工作业时易发生的因工伤亡事故

1. 由于作业面搭设不符合要求、高处作业防护不到位发生高处坠落事故。

2. 材料堆放不当，或斩砖违反要求造成交叉作业下方人员物体打击事故。

事故案例：

1985年6月6日，宁夏某建筑工程公司二工区四队瓦一班，在该公司施工的大武口电厂灰浆泵房南侧西头控制室地面砌砖，瓦二班在同一面东头9m高处砌砖。计划安排瓦二班在当天将剩余砖砌完为止，不再上砖。但由于上砖人又误上三车砖，工人穆某将砖推到瓦一班上空拐弯处，车一歪，几块砖连续坠落下来，击在下面工作的砖工马某头部，将安全帽打掉后，又击伤右前额，入院治疗无效死亡。

直接原因：安全交底不清，立体交叉作业无防护措施。

间接原因：施工管理混乱，缺乏安全措施，安全帽帽带未扣牢。

主要原因：违章指挥，交叉施工无防护措施。

二、抹灰工

（一）抹灰工作业安全操作规定及要求

1. 操作前按照搭设脚手架的操作规程检查架子和高凳是否牢固，且跨度应小于2m。在架上操作时人员不能集中，在同一跨度内作业不应超过两人，防止超重而发生坠落事故。

2. 室内抹灰使用的木凳、金属支架应平稳牢固，架子堆放材料不得过于集中，存放砂浆的灰槽、小桶等应放稳。

3. 不准在门窗、暖气件、洗脸池等器物上搭设脚手架，在阳台部位粉刷，外侧必须挂设安全网，严禁踩踏脚手架的护栏和阳台拦板。

4. 机械喷灰喷涂应戴防护用品，压力表、安全阀应灵敏可靠，输浆管各部接口应拧紧卡牢，管路摆放顺直，避免折弯。

5. 输浆应严格按照规定压力进行，超压和管道堵塞应卸压检修。

6. 贴面使用预制件、大理石、磁砖等，应堆放整齐平稳，边用边运。安装要稳拿稳放，待灌浆凝固后方可拆除临时支撑。

7. 使用磨石机，应戴绝缘手套穿胶靴，电源线不得破皮漏电。金刚砂块安装必须牢固，经试运转正常，方可操作。

（二）抹灰工作业易发生的因工伤亡事故

1. 由于操作面搭设不符合规定、高处作业安全防护措施不到位发生高处坠落事故。

2. 使用磨石机操作不当发生触电事故。

事故案例：

1984 年 11 月，某铁路局六处一段六队在皖干线绩溪站 1 号 5 层施工中，一工人被安排进行雨篷洒水抹灰作业。为了固定墙板木条，他按程序先将钢筋夹的一端钩于雨篷的预制板缝内，当他将另一端扣住墙板木条作固定程序时，因用力过猛，钢筋夹的一端从预制板缝中弹出。他本能地后仰躲避，跃出脚手架外，坠地死亡。

直接原因：脚手架未按规定设置栏杆、档板或安全网。

间接原因：施工管理不严，脚手架搭好后不进行检查验收。

主要原因：安全防护措施缺乏。

三、木工

（一）木工作业安全操作规定及要求

1. 木工支模拆模的安全操作规定

（1）模板支撑不得使用腐朽、扭裂、劈裂的材料。顶撑要垂直，低端平整坚实，并加垫木。木楔要定牢，并用横顺拉杆和剪刀撑拉牢。

（2）采用桁架支模应严格检查，发现严重变形、螺栓松动等应及时修复。

（3）支模应按工序进行，模板没有固定前，不得进行下道工序，禁止利用拉杆、支撑攀登上下。

（4）支设 4m 以上的立柱模板，四周必须顶牢。操作时要搭设工作台；不足 4m 的，可使用马凳操作。

(5) 支设独立梁模应设临时工作台，不得站在柱模上操作和在梁底上行走。

(6) 拆除模板应按顺序分段进行，严禁猛撬、硬砸或大面积撬落和拉倒。工完前，不得留下松动和悬挂的模板。拆下的模板应及时运送到指定地点集中堆放，防止钉子轧脚。

(7) 拆除薄梁、吊车梁、珩架等预制构件模板，应随拆随加顶撑支牢，防止构件倾倒。

(8) 木工搭拆支模架子时必须严格遵守架子工安全技术操作规程。

2. 木工进行木构件安装时的安全操作规定

(1) 在坡度大于 25°的屋面上操作，应有防滑梯、护身栏杆等防护措施。

(2) 木屋架应在地面拼装。必须在上面拼装的应连续进行，中断时应设临时支撑。屋架就位后，应及时安装脊檩、拉杆或临时支撑。吊运材料所用索具必须良好，绑扎要牢靠。

(3) 在没有望板的屋面上安装石棉瓦，应在屋架下弦设安全网或其它安全设施。并使用有防滑条的脚手板，钩挂牢固后方可操作。严禁在石棉瓦上行走。

(4) 安装两层楼以上外墙窗扇，如外面无脚手架或安全网，应挂好安全带。安装窗扇的固定扇，必须定牢固。

(5) 不准直接在板条天棚或隔音板上通行及堆放材料。必须通行时，应在大楞上铺设脚手板。

(6) 钉户檐板，必须站在脚手板上，严禁在屋面上探身操作。

(二) 木工作业易发生的因工伤亡事故

1. 由于作业面搭设不符合要求或工人违反操作规程易发生高处坠落事故。

2. 由于大模板堆放或安装不符合规定，以及在交叉作业时由于物料或工具掉落易造成物体打击事故。

事故案例 1：

1985 年 7 月 21 日 19 时 10 分，四川省某建筑工程公司二处，在承建深圳房地产大厦工程中，木工冯某在（6）轴线第 10 层钢筋混凝土楼板上独自对本班吊装的大模板（其规格为 3.18m×3.78m，重 3t）进行校正。当他用撬棍正撬时，原钢管支撑失去作用，大模板倾倒砸在冯的头部，经抢救无效死亡。

直接原因：大模板吊装后，未用铅丝临时固定在墙壁主筋上。

间接原因：在未作临时固定的情况下，单人用撬棍撬模板底部，违章作业。

主要原因：未采用临时固定防护措施。

事故案例 2：

四川省某建筑工程公司七队，1986 年 6 月 18 日 10 时 02 分在承建资阳 431 厂机体车间施工过程中，木工吴某正在井字架吊篮上打掉混凝堆积块，另一民工在山墙左侧站在井架卸料，台井间拆除钢模板，并转身向左侧平台上丢去，准备用井架吊篮运下去。当这个民工丢第 3 块时，钢模板顺着卸料台的边向井架内滑下，被吊篮钢丝绳挡了一下后击中吴某的头部，吴当即死亡。

直接原因：违章作业，采用摔丢钢模板的错误方法。

间接原因：工长安排交叉作业，没有采取任何安全防护措施。

主要原因：施工现场管理混乱，死者没戴安全帽。

四、钢筋工

（一）钢筋工作业安全注意事项

1. 拉直钢筋时，卡头要卡牢，地锚要结实牢固，拉筋沿线 2m 区域内禁止行人，人工绞磨拉直，不准用胸、肚接触推杠，并缓慢松懈，不得一次松开。

2. 展开盘圆钢筋要一头卡牢，防止回弹，切断时要先用脚踩紧。

3. 人工断料，工具必须牢固。掌克子和打锤要站成斜角，注意甩锤区域内的人和物体。切断小于 30cm 的短钢筋，应用钳子夹牢，禁止用手把扶，并在外侧设置防护笼罩。

4. 在高空、深坑绑扎钢筋或安装骨架，或绑扎高层建筑的圈梁、挑檐、外墙、边柱钢筋，除应设置安全作业外，绑扎时要挂好安全带。

5. 绑扎立柱、墙体钢筋时,不得站在钢筋骨架上或攀登骨架上下。

6. 冷拉钢筋要缓慢均匀,发现锚卡异常,要先停车,放松钢筋后,才能重新进行操作。

(二)钢筋工作业易发生的因工伤亡事故

1. 高处作业时由于作业面搭设不符合规定或工人违章操作,易发生高处坠落事故。

2. 使用钢筋加工机械不当造成机械伤害事故或物体打击事故。

事故案例:

1984年4月19日12时25分左右,四川省某建筑公司一处一队钢筋工陶某等4人站在省农村电话局住宅楼4楼6轴线内架上穿圈梁箍筋。陶某左手搬动主筋,右手欲穿箍筋(右手曾有残疾),由于搬动主筋用力过猛,致使手滑,从架上后仰坠落于四楼楼面(坠落高度2.63m),头部和鼻内出血,送往医院,抢救无效死亡。

直接原因:操作失误,从架上坠落,没戴安全帽。

间接原因:安全管理制度不严,陶某曾患癫痫病、肺气肿、呼吸功能障碍等病,安排高处作业。

内架跳板只有45cm宽,又无防护栏杆。

主要原因:作业面安全防护不到位,工人未戴安全帽。

五、混凝土工

(一)混凝土工安全操作规定

1. 使用平板振动器或振捣棒的作业人员,要穿胶鞋、戴绝缘手套。湿手不得接触开关,电源线不得有破皮漏电。振捣设备应设开关箱,并装有漏电保护器。

2. 混凝土工使用推车向料斗倒料时,要有挡车措施,不得用力过猛和撒把。

3. 浇筑混凝土时,不准直接站在溜槽帮上或站在模板及支撑上操作。

4. 夜间施工时,照明要良好。

(二)混凝土工容易发生的事故

1. 高处作业作业面搭设不符合规定,发生高处坠落事故。

2. 使用振捣棒振动混凝土易发生触电事故。

3. 泵输送混凝土时易发生崩伤事故。

事故案例:

山东省某县建筑公司施工的县烟草公司工地普工王某系班组自己招的临时工,未经培训。1986年6月29日,他在操作振捣器时,未穿绝缘鞋,未戴绝缘手套,触电保护器失灵没及时修理,因振捣器电线磨破漏电,触电死亡。

直接原因:电动机具有缺陷、漏电,作业人员不戴个人防护用品。

间接原因:劳力私招乱雇,管理混乱,新工人不培训,无安全用电常识,缺乏自我防护能力,缺乏检查维修。

主要原因:电动机具漏电,作业人员未戴绝缘防护用品。

六、油漆玻璃工

(一)油漆玻璃工作业安全操作规定

1. 各类油漆和其它易燃、有毒材料,应存放在专用库房内,不得与其它材料混放。挥发性油料应装入密闭容器内,妥善保管。

2. 库房应通风良好,不准住人,并设置消防器材和"严禁烟火"明显标志。库房与其它建筑物应保持一定的安全距离。

3. 用喷砂除锈喷嘴接头要牢固,不准对人。喷嘴堵塞,应停机消除压力后,方可进行修理或更换。

4. 使用煤油、汽油、松香水、丙酮等调配油料,戴好防护用品,严禁吸烟。

5. 沾染油漆的棉纱、破布、油纸等废物,应存放在有盖的金属容器内,及时处理。

6. 在室内或容器内喷涂,要保持通风良好,喷涂作业周围不准有火种。

7. 采用静电喷涂，为避免静电积聚，喷涂室（棚）应有接地保护装置。

8. 刷外开窗扇，必须将安全带挂在牢固的地方。刷封檐板、水落管等应搭设脚手架或吊架。在大于25°的铁皮屋面上刷油，应设置活动板梯、防护栏杆和安全网。

9. 使用喷灯，加油不得过满，打气不应过足，使用的时间不宜过长，点火时火嘴不准对人。

10. 使用喷浆机，手上沾有浆水时，不准开关电闸，以防触电。喷嘴堵塞，疏通时不准对人。

11. 截割玻璃，应在指定场所进行。截下的边角余料集中堆放及时处理。搬运玻璃应戴手套。

12. 在高处安装玻璃，应将玻璃放置平稳，垂直下方禁止通行。安装屋顶采光玻璃，应铺设脚手板或其它安全措施。

13. 使用的工具放入袋内，不准口含铁钉。玻璃安装完即将风钩挂好。

（二）易发生事故

1. 发生油料燃烧或爆炸事故。

2. 高处作业玻璃掉落发生下方人员伤害事故。

七、防水工

（一）防水作业安全操作规定

1. 患皮肤病、眼结膜病以及对沥青严重敏感的工人，不得从事沥青工作。沥青作业每班适当增加间歇时间。

2. 装卸、搬运、熬制、铺涂沥青，必须使用规定的防护用品，皮肤不得外露。装卸、搬运碎沥青，必须洒水，防止粉末飞扬。

3. 熔化桶装沥青，先将桶盖和气眼全部打开，用铁条串通后，方准烘烤，并经常疏通放油孔和气眼。严禁火焰与油直接接触。

4. 熬制沥青地点不得设在电线的垂直下方，一般应居建筑物25m；锅与烟囱的距离应大于80cm，锅与锅之距离应大于2m；火口与锅边应有高70cm的隔离设施。临时堆放沥青、燃料的场地，离锅不小于5m。

5. 熬沥青前，应清除锅内杂质和积水。

6. 熬油必须由有经验的工人看守，要随时测量油温，熬油量不得超过油锅容量的 3/4，下料应慢慢溜放，严禁大块投放。下班熄火，关闭炉门，盖好锅盖。

7. 锅内沥青着火，应立即用铁锅盖盖住，停止鼓风，封闭炉门，熄灭炉火，并严禁在燃烧的沥青中浇水，应用干砂或湿麻袋灭火。

8. 配制冷底子油，下料应分批、少量、缓慢，不停搅拌，不得超过锅容量的 1/2，温度不得超过 80℃，并严禁烟火。

9. 装运沥青的勺、桶、壶等工具，不得用锡焊。盛油量不得超过容器的 2/3。肩挑或用手推车，道路要平坦，绳具要牢固。吊运时垂直下方不得有人。

10. 屋面铺贴卷材，四周应设置 1.2m 高围栏，靠近屋面四周沿边应侧身操作。

11. 在地下室、基础、池壁、管道、容器内等处进行有毒、有害的涂料防水作业，应配戴防毒面具，定时轮换间歇，通风换气。

（二）易发生事故

1. 发生火灾事故。

2. 发生人员烫伤、中毒等职业病。

八、爆破工

（一）爆破作业安全操作规定

1. 爆破人员联结导火索和火雷管时，必须在专用加工房内。房内不得有电气、金属等设备。

2. 切割导火索或导爆索，必须用锋利小刀，禁止用剪刀剪断或用石器、铁器敲断。导火索长度不得小于 1m，导爆索禁止撞击、抛掷、践踏。

3. 加工起爆药，只许在爆破现场于爆破前进行，并按所需数量一次制作，不得留成品备用。

4. 装药要用木竹棒轻塞，严禁用力抵入或使用金属棒捣实。禁止使用冻结、半冻结或半溶化的硝化甘油炸药。

5. 放炮要有专人指挥，设立警戒范围，规定警戒时间、信号标志，并有警戒人员；起爆前要进行检查，必须待施工人员、过路人员、车辆等全部避入安全地点后方准起爆，警报解除后方可放行。

6. 电力爆破时，电源要有专人严格控制，放炮器要有专人保管，闸刀箱要上锁。

(二) 易发生事故

违反操作规定发生火药爆炸等事故。

第二节 施工现场中小型机械作业安全操作规定及要求

一、搅拌机

(一) 安全使用注意事项

1. 混凝土搅拌机安装必须平稳牢固，轮胎必须架悬或卸下另行保管，并须搭设防雨或保温的工作棚。操作地点经常保持整洁，棚外应挖设排除清洗机械废水的设施。

2. 混凝土搅拌机的电源接线必须正确，必须要有可靠的保护接零（或保护接地）和漏电保护开关，布线和各部绝缘必须符合规定要求。

3. 操作司机必须是经过培训，并考试合格，取得操作证者，严禁非司机操作。

4. 司机必须按清洁、紧固、润滑、调整、防腐的十字作业法，每天对搅拌机进行认真的维护保养。

5. 每日工作开始时，应认真检视各部件有无异常现象。开车前应检查离合器，制动器和各防护装置是否灵敏可靠。钢丝绳有无破损，轨道、滑轮是否良好，机身是否稳固，周围有无障碍，确认没有问题时，方能合闸试车。经 2~3min 试运转，滚筒转动平稳，不跳动、不跑偏，运转正常，无异常音响后，再正式进行生产操作。

6. 机械开动后，司机必须思想集中，坚守岗位，不得擅离职守。并须随时注意机械的运转情况，若发现不正常现象或听到不正常的音响，必须将罐内存料放出，停车后进行检查修理。

7. 搅拌机在运转中，严禁修理和保养，并不准用工具伸到罐内扒料。

8. 各型搅拌机均为运转加料，若遇中途停机停电时，应立即将料卸出。绝不允许中途停车，重载启动（反转出料混凝土搅拌机除外）。

9. 上料不得超过规定量，严禁超负荷使用。

10. 强制式混凝土搅拌机的骨料应严格筛选，最大粒径不得超过允许值，以防卡塞。

11. 如果砂堆棚结，需要捣松时，必须两人前去，一人操作，一人监护，并必须有安全措施，每个人都需站在安全稳妥的地方工作。

12. 料斗提升时，严禁在料斗的下方工作或通行。料斗的基坑需要清理时，必须事先与司机联系，待料斗用安全挂钩挂牢固后方准进行。

13. 检修搅拌机时，必须切断电源，如需进入滚筒内检修时，必须在电闸箱上挂有"禁止合闸"的木牌，并设有专人看守，要绝对保证能避免误送电源事故的发生。

14. 停止生产后，要及时将罐内外刷洗干净，严防混凝土粘结，工作结束后，将料斗提升到顶上位置，用安全挂钩挂牢；离开现场前拉下电闸并锁好电闸箱。

15. 寒冷季节工作结束后，必须将水泵、放水开关、贮水罐内的水放净，避免冻坏设备。

（二）常见事故分析

1. 料斗跌落砸人。其引起原因可能有钢丝绳断裂，刹车失灵，操作不当，斗轴断裂或安全挂勾未挂好等等。这类事故发生最多，必须引起高度重视。

2. 进搅拌筒检修时，突然有人误送电源，拌筒或搅叶旋转伤人。这类事故也发生过多起,必须引起重视。

3. 在运转、工作时保养、检修、发生三角带、钢丝绳等绞手事故。为防止这类事故再发生,必须严禁在运转、工作时保养、检修。

4. 在砂石采取格存料仓堆积,并经斗门自动溜放的混凝土搅拌站,当砂堆棚结后,工人上去捣松时,不慎掉下去被砂堆所埋,受伤或致死。

5. 搅拌机漏电,发生触电事故。

事故案例:

1988年8月26日8时40分,四川省某建筑工程公司一处三队在承建成都市锦江宾馆对外商场工程施工中,准备浇灌地下室顶板混凝土。机械工班长怕搅拌机料斗上下时碰破,将料斗升起,插上料斗安全插销并用一床草垫垫在料斗坑内,又向机操工刘某交待:"再找两床草垫垫好。"刘即找来两床草垫。料斗正在提升,刘叫周帮忙把草垫放下去。当周弯腰放草垫入料斗坑时,料斗突然坠落,将周某头部砸伤并夹在料斗和地坪混凝土之中,经抢救无效死亡。经济损失8000元。

直接原因:违章作业,在料斗运行中向料斗坑内放草垫。

间接原因:搅拌机料斗卷扬钢丝绳固定卡滑脱。

主要原因:建筑机械厂违章设计、生产搅拌机,卷扬筒上钢丝绳余留长度不够,固定绳卡扣只设1个,留下严重危险隐患。

二、蛙式打夯机

(一)安全使用注意事项

1. 每台夯机的电机必须是加强绝缘或双重绝缘电机,并装有漏电保护装置,操作开关要使用定向开关,并每台夯机必须单独使用刀闸或插座。

2. 夯机的操作手柄要加装绝缘材料。

3. 每班工作前必须对夯机进行检查,内容包括:

(1)各种电器部件的绝缘及灵敏程度;零线是否完好;

(2)偏心块连接是否牢固,大皮带轮及固定套是否有轴向窜动现象。

(3) 电缆线是否有扭结、破裂、折损等可能造成漏电的现象。

(4) 整体结构是否有开焊、严重变形现象。

4. 每台夯机设两名操作人员。一人操作夯机，一人随机整理电线。操作人员均必须戴绝缘手套和穿胶鞋。

5. 操作夯机者先根据现场情况和工作要求确定行夯路线，操作时按行夯路线随夯机直线行走。严禁强行推进、后拉、按压手柄强猛拐弯或撒把不扶任夯机自由行走。

6. 随机整理电线者随时将电缆线整理通顺，盘圈送行，并应与夯机保持3～4m余量。发现有电缆线扭结缠绕，破裂及漏电现象，应及时切断电源，停止作业。

7. 夯机作业前方2m以内不得有人。多台夯机同时作业时，其并列间距不得小于5m，纵距不得小于2m。

8. 夯机不得打冻土、坚石、混有砖石碎块的杂土以及一边偏硬的回填土。在边坡作业时应注意保持夯机平稳，防止夯机翻倒坠夯。

9. 经常保持机身整洁，托盘内落入石块、积土较多、杂物或底部粘土过多出现啃土现象时必须停机断电清除，严禁运转中清除。

10. 搬运夯机时，须切断电源，并将电线盘好，夯头绑住。往坑槽下运送时，用绳索系送，严禁推扔夯机。

11. 停止操作时，切断电源，锁好电源闸箱。

12. 夯机用后妥善保管，遮盖防雨布，并将其底部垫高。

13. 夯机的电器设备发生故障或雨后使用夯机，由电工进行检查、修理、确定电器设备完好后，方可使用。

14. 长期搁置不用的夯机，在使用前必须测量绝缘电阻，未经测量检查合格的夯机，严禁使用。

(二) 常见事故分析

1. 夯机漏电，发生触电事故，电死人。

2. 夯头或偏心块工作中砸人。

3. 操作者操作时，操作不当，用力过猛，跌倒，撞伤或被砸。

4. 夯机失去控制，破坏建筑设施及其它装置，并使本身机械损坏。

事故案例：

1987年7月4日22时，陕西省商县某建筑队安排加班搞基础回填土，因蛙式打夯机电源线未接，该队民工全某就主动去接线，因全某不懂用电设备接线规定，仅将三相火线接通，而未接通保护零线，加之本人又无电工工具，赤手操作，因而接线松动。在操作过程中，由于打夯机工作振动，使开关电线接触盒外壳，造成夯机带电，致使操作工人卢某（未戴绝缘手套）触电身亡。

直接原因：工人乱接电线，手持电动机具未装漏电保护器。
间接原因：电动机具管理不严，随意拆、接电动机具电源线。
主要原因：工人全某违章操作，违反劳动纪律。

三、钢筋机械

（一）安全使用注意事项

1. 钢筋机械必须由专人管理；并必须按清洁、坚固、润滑、调整、防腐的十字作业法，对机械进行认真的维护、保养。使用钢筋机械必须经过管理人员允许，对不了解钢筋机械安全操作知识者不允许上机操作。

2. 工作前必须检查电源接线是否正确，各电器部件的绝缘是否良好，机身是否有可靠的保护接零或保护接地。

3. 使用前必须检查刀片、调直块等工作部件安装是否正确，有无裂纹，其固定螺丝是否紧固。各传动部分的防护罩是否齐全有效。

4. 使用前必须先空车试运转，确认确实无异常后，才能正式开始工作。

5. 在机械运转过程中，禁止进行调整、检修和清扫等工作。

6. 禁止加工（如切断、调直、弯曲等）超过规定规格的钢筋或过硬的钢筋。

7. 在使用调直机时，在导向筒的前部应安装一根1m左右长的钢管,被调直的钢筋应先穿过钢管,再穿入导向筒和调直筒,以防每盘钢筋接近调直完毕时弹出伤人。

8. 在使用钢筋切断机时,必须将钢筋握紧,应在活动刀片向后退时,将钢筋送入刀口,要防止钢筋末端摆动或弹出伤人。若遇短料,须用钳子夹住送料。

9. 在使用弯曲机时,不直的钢筋,禁止在弯曲机上弯曲,防止发生安全事故。

10. 加工较长钢筋时,应设专人帮扶钢筋,扶钢筋人员应与掌握机械人员动作协调一致,并听其指挥,不得任意拉、拽。

11. 对机架上的铁屑、钢末不得用手抹或用嘴吹,以免划伤皮肤或溅入眼中。

12. 已切断或弯曲好的半成品,应码放整齐。防止个别新切口突出划伤皮肤。每天工作完毕后,对切下的碎头等,必须清理干净。并拉闸断电,锁好电闸箱后方可离开。

(二) 常见事故分析

1. 机械漏电,发生触电事故。

2. 加工时,操作方法不当,钢筋末端摇动或弹击伤人。

3. 用手抹除钢屑、钢末时划伤手;或用嘴吹时,落入眼睛使眼睛受伤。

4. 操作者不慎,被切伤手指或传动装置咬伤碰伤手指。

5. 调直机调直块未固定,防护罩未盖好,就开机,导制调直块飞出伤人。

6. 剪切,调直或弯曲超过规格的钢筋或过硬的钢筋使机械损坏;或者操作不当(如刀片间距不合适,立切钢筋等)也会使机械损坏。

四、木工机械

(一) 安全使用注意事项

1. 木工机械必须设专人管理,并按清洁、紧固、润滑、调整、防腐的十字作业法,对机械进行认真的维护保养。使用木工机械必须经过管理人员允许,对不了解木工机械安全操作知识者,不允许上机操作。

2. 工作前必须检查电源接线是否正确,各电器部件的绝缘是否良好,机身是否有可靠的保护接零或保护接地。

3. 使用前必须检查刀片、锯片安装是否正确、紧固是否良好,各安全罩、防护器等是否齐全有效。

4. 使用前必须空车试运转,转速正常后,再经 2~3min 空运转,确认确实无异常后,再送料开始工作。

5. 机械运转过程中,禁止进行调整、检修和清扫等工作,操作人员衣袖要扎紧,并不准戴手套。

6. 加工旧料前,必须将铁钉、灰垢、冰雪等清除后再上机加工。

7. 操作时要注意木材情况,遇到硬木、节疤、残茬要适当减慢推料进料,严禁手指按在节疤上操作,以防木料跳动或弹起伤人。

8. 加工 2m 以上较长的木料时应由两人操作,一人在上手送料,一人在下手接料。下手接料者必须在木头越过危险区后方准接料,接料后不准猛拉。

9. 使用木工圆锯,操作人员必须戴防护眼镜,电锯上方必须装设保险挡和滴水设备。操作中任何人都不得站在锯片旋转的切线方向。木料锯至末端时,要用木棒推送木料。截断木料要用推板推进,锯短料一律使用推棍,不准用手推进。进料速度不得过快,用力不得过猛,接料必须使用刨勾,长度不足 50cm 的短料禁止上圆锯机。

10. 使用木工平刨不准将手伸进安全挡板里侧搬移挡板,禁止摘掉安全挡板操作。刨料时,每次刨削量不得超过 1.5mm。操作时必须双手持料,刮大面时,手只许按在料的上面,刮小面时可以按在上面和侧面,但手指必须按在材料侧面的上半部,而且必须离开刨口至少 3 厘米以上。禁止一只手放在材料后头的操作法。送料要均匀推进,按在料上的手经过刨口时,用力要轻。对薄、短和窄的木料在刨光时必须一律使用推板或推棍,长度不足

15cm 的木料不准上平刨。

11. 使用木工压刨时,压料、取料人员站位不得正对刨口,以免大料刨削击伤面部。同规格的木料可以根据台面宽度几根同时并进。不同厚度的木料不许同时刨削,否则容易使较薄的木料打出伤人。刨料时,吃刀量不得超过 3mm。操作时应按顺茬速续送料,续料必须持平直,如发现材料走横,应速将台面降下,经拨正后再继续工作。刨料长度不准短于前后压滚的中心距离,厚度在 1cm 以下的薄板,必须垫托板,方可推入压刨。

12. 每天工作完毕,必须将锯末、刨屑、刨花打扫干净,并拉闸断电,锁好电闸箱方准离开。

13. 为防止发生火灾,木工机械操作室(棚)内必须严禁抽烟,或烧火取暖,并必须设置必要的防火器材。

(二) 常用事故分析

1. 安全装置不全,操作不当,造成刨手、锯手等事故,严重者还有锯坏头部的事故。

2. 刨刀紧固不好,飞出伤人;锯片松动,碎裂,飞起伤人。

3. 由于操作不当,尤其是遇到硬木、节疤、残茬时,木料弹起打伤人。

4. 锯料时,锯末飞起迷眼或碎木屑飞起伤人。

5. 由于操作者在操作间抽烟、烤火、或电器设备产生电弧等原因,引燃锯末、刨花,引起失火。

6. 机械漏电,发生触电事故。

第三节 特种作业安全操作规定及要求

一、特种作业范围

1. 电工作业;

2. 金属焊接(切割)作业;

3. 起重作业;

4. 厂内机动车辆驾驶;

5. 建筑登高架设作业。

二、特种作业人员的基本条件

1. 年满18周岁；
2. 初中以上文化程度；
3. 按上岗要求的技术业务理论考核和实际操作技能考核成绩合格；
4. 身体健康、无妨碍从事本工种作业的疾病和生理缺陷，如有下列疾病或生理缺陷者，为不合格，不得从事特种作业：

(1) 器质性心脏血管病。包括风湿性心脏病、先天性心脏病（治愈者除外）、心肌病、心电图明显异常者。

(2) 血压超过160/90mmHg（21.3/12.0kPa），低于86mmHg（11.5/7.5kPa）。

(3) 精神病、癫痫。

(4) 重症神经官能症及脑外伤后遗症。

(5) 晕厥（近一年有晕厥发作者）。

(6) 血红蛋白男性低于90g/L，女性低于80g/L。

(7) 肢体残废，功能受限者。

(8) 慢性骨髓炎。

(9) 厂内机动车驾驶类，大型车：身高不足155cm，小型车：不足150cm者。

(10) 耳全聋及发音不清者。厂内机动车驾驶听力不足5m者。

(11) 色盲。

(12) 双眼裸眼视力低于0.4，矫正视力不足0.7者。

(13) 活动性结核（包括肺外结核）。

(14) 支气管哮喘（反复发作）。

(15) 支气管扩张病（反复感染、咳血）。

三、特种作业人员岗位安全职责

1. 严格遵守有关的规章制度，遵守劳动纪律。
2. 努力学习本工种专业技术和安全操作技术，提高预防事故和职业危害的能力。

3. 正确使用保管各种安全防护用具及劳动保护用品。

4. 善于采纳有利于安全作业的意见，对违章指挥作业者能及时予以指出，必要时向有关领导部门报告。

5. 认真执行本单位、本部门为所在岗位制定的岗位职责。

四、特种作业人员基本要求

特种作业人员必须经过专门的安全技术理论、实操技能的培训、考核合格，持有效的特种作业操作证，方可上岗操作。其从事作业的范围和等级要与证件所规定的操作项目相符合。

五、特殊工种作业安全操作规定及要求

（一）电工

1. 电工作业包括以下操作项目

（1）安全用电技术；

（2）低压运行维修；

（3）高压运行维修；

（4）低压安装；

（5）电缆安装；

（6）高压值班；

（7）超高压值班；

（8）高压电气试验；

（9）高压安装；

（10）继电保护及二次仪表整定。

2. 施工现场电工作业安全操作规定及要求

（1）现场安装、维修或拆除临时用电工程，必须由电工完成。电工等级应同工程的难易程度和技术复杂性相适应。

（2）电工作业人员要熟知电工安全用具的性能和使用方法，在带电作业或停电检修时，配戴绝缘手套，穿绝缘鞋，使用有绝缘柄的工具；在高处作业时，使用电工安全带；从事装卸高压熔丝、锯断电缆、或打开运行中的电缆盒、浇灌电缆混合剂、蓄电池注入电解液等工作时，要戴护目镜。

（3）现场临电电工要熟悉、临电工程安全技术规范，遵守电工安全技术操作规程,负责检查、保护电气装置及保护设施完好,严禁设备带"病"运转,做好电工维修工作记录。

(4) 在全部停电或部分停电的电气设备上工作时,电工作业人员要采取下列安全技术措施:

1) 停电

A. 将被检修设备可靠地脱离电源,也就是要将有可能给被检修设备送电或向被检修设备反送电的各个方面的电源断开。

B. 断开电源,拉开至少一个有明显的断开点的开关。

C. 停电操作时,必须先停负荷,后拉开关(断路器),最后拉开隔离开关。严禁带负荷拉隔离开关。

D. 邻近带电设备的工作人员,在进行工作时与带电部分应保持安全距离,在无遮栏时,对10kV系统应不小于0.7m,对低压系统应不小于0.1m。

2) 验电

A. 分相逐相进行,在对断开位置的开关或刀闸进行验电的同时,对两侧各相验电。

B. 对停电的电缆线路进行验电时,若线路上未连接可构成放电回路的三相负荷,要予以充分放电。

C. 表示设备断开的常设信号或标志,表示允许进入间隔的闭锁装置信号,以及接入的电压表指示无压和其它无压信号指示,只能作为参考,不能作为设备无电的根据。

D. 高压验电时必须戴绝缘手套。

3) 装设接地线

A. 对于可能送电至停电设备的各方面都要装设接地线。接地线应装设在工作地点可以看见的地方。接地线与带电部分的距离应符合安全距离的规定。

B. 检修部分若分成几个在电气上不相连接的部位(如分段母线以隔离开关或开关隔开),则各段应分别验电并接地。

降压变电所全部停电时,应将各个可能来电侧的部位悬挂接地线,其余部分不必每段都装设接地线。

C. 检修母线时，应根据母线的长短和有无感应电压等实际情况确定接地线组数。检修 10m 及以下的母线，可以只装设一组接地线。

D. 在室内配电装置上，接地线应装在未涂相色漆的地方。

E. 接地线与检修部分之间不应有开关或熔断器。

F. 装设接地线必须先接地端，后接导体端。拆地线的顺序与此相反。装拆接地线均应使用绝缘棒并戴绝缘手套。

G. 接地线必须使用专用的线夹固定在导体上，禁止用缠绕方法进行接地或短路。

H. 接地线应用多股软裸铜导线，其截面应符合短路电流热稳定的要求，但最小截面不应小于 $25mm^2$。接地线每次使用前应进行检查。禁止使用不符合规定的导线做接地线。

I. 变（配）电所内，每组接地线均应编号，并存放在固定地点。存放位置亦应编号，接地线号码与存放位置号码必须一致。拆装接地线，应做好记录，交接班时，应交代清楚。

J. 带有电容的设备，悬挂接地线之前，应先放电。

4）悬挂标示牌和装设临时遮栏

悬挂标示牌可提醒有关人员及时纠正将要进行的错误操作和作法。为防止因误操作而错误地向有人工作的设备合闸送电，要求在一经合闸即可送电到工作地点的开关和刀闸的操作把手上，均应悬挂"禁止合闸，有人工作！"的标示牌。如果停电设备有两个断开点串联时，标示牌应悬挂在靠近电源的刀闸把手上。对远方操作的开关和刀闸，标示牌应悬挂在控制盘上的操作把手上；对同时能进行远距离和就地操作的刀闸，则应在刀闸操作把手上悬挂标示牌。在开关柜悬挂接地线后，应在开关柜的门悬挂"已接地"的标示牌。除以上两点外还应对以下的地点悬挂标示牌：

A. 在变（配）电所外线路上工作，其控制设备在变（配）电所室内的，则应在控制线路的开关或隔离开关的操作手把上悬挂"禁止合闸，线路有人工作！"的标示牌。标示牌的数量应与参加工作班组数相同。标示牌特别注明线路有人工作的字样，这是考虑到发电厂、变电所值班员无法直观掌握线路上是否有人工作等情况,故在标示牌上加以注明以提醒值班员引起注意,不要只看到发电厂、变电所内的工作结束后就以为全部工作结束,而发生向有人工作的线路误送电。有关线路工作标示牌的悬挂和拆除,须按调度员的命令或工作票的规定执行。

B. 在变(配)电所室内设备上工作,应在工作地点两旁间隔、对面间隔的遮栏上,以及禁止通行的过道上均应悬挂"止步,高压危险!"的标示牌,以警告检修人员不要误入带电间隔或接近带电部分。

C. 在变(配)电所的室外配电装置上进行部分停电工作时,应在工作地点四周用红绳做好围栏,围栏上悬挂适当数量的红旗。以限制检修人员的活动范围,防止误登邻近有电设备和构架;并在围栏内侧方向悬挂适当数量的"止步,高压危险!"标示牌,字必须朝向围栏里面。

D. 在变(配)电所部分停电工作时,还须在工作地点或工作设备上悬挂"在此工作!"标示牌。有时,为了防止人身或停电部分对邻近带电设备的危险接近,须在停电部分和带电设备之间加装临时遮栏,并悬挂"止步,高压危险!"的标示牌。临时遮栏到带电部分之的距离应符合有关规定的允许距离,以确保工作人员在工作中始终保持对带电部分之间有足够的安全距离。

E. 在室外架构上工作,应在工作地点邻近带电部分的横梁上,悬挂"止步,高压危险!"标志牌。在工作人员上、下用的铁架或梯子上,应悬挂"从此上下!"的标示牌。在邻近其它可能误登的架构上,应悬挂"禁止攀登,高压危险!"的标示牌。

F. 临时遮栏可用干燥木材、橡胶或其它坚韧绝缘材料制成,并应装设牢固。严禁工作中移动或拆除临时遮栏和标示牌。

(5) 电工带电作业应由两人及以上协同进行,其中一人做监护人,工作人员要服从监护人的指挥。

(6) 电工在施工现场内不得架设裸导线,对于大型建筑工地加的裸导线过路时应采取防护措施。

(7) 架空线路的终端杆及转角杆要做重复接地。线路架设时要整齐牢固，不得成束捆扎。

(8) 绑扎各种绝缘导线时不得使用裸导线，不允许将导线绑在金属杆或金属脚手架上。

(9) 施工照明及电气设备用线要使用护套缆线，严禁使用花线、塑胶软线等不合格及外皮破损的电线。

(10) 现场固定设备的配电线路均不得沿地面明敷设，应穿管埋地敷设，管内不得有接头，管口要密封。电缆线路要按规定深度埋地敷设。

(11) 现场配电箱、开关箱的安装和配置要符合有关规定，保证现场"一机一闸"。

(12) 现场局部照明的行灯及标志灯电压不得超过36V。在特别潮湿的场所及金属容器、金属管道内工作的照明灯电压不应超过12V。行灯要使用带网罩的示提灯，电缆线要使用橡套缆线。

(13) 现场高大设施必须按规定装设避雷装置。

(14) 电焊机要设独立开关，机外壳做零或接地保护。一次线长度应小于5m，二次线长度应小于30m，两侧接线压接牢固，并安装可靠的防护罩。焊把线要双线到位，不得借用金属管道、金属脚手架、轨道及结构钢筋作回路地线。焊把线无破损，绝缘良好。

(15) 凡移动式设备或手持电动工具必须装设漏电保护装置，做到一机一闸，严禁一闸多用。

事故案例1：

1975年8月15日9时45分，北京汽车制造厂铸工分厂造型工韦某，发现造型机上压板变形需更换，其中有一螺丝拧不下来，就借用手持砂轮磨，并请电工赵某接砂轮电源线。由于接线时将电源相线接在手砂轮机的保护地线上，使手持砂轮机带电，韦又未戴绝缘手套，站在潮湿地面上，当合闸后，韦赤臂双手紧握砂轮机触电死亡。

直接原因：韦某个人防护不到位，砂轮机外壳带电

间接原因：电工赵某违反操作规程，接错线、未装漏电保护

器使用前未按规定验电。

主要原因：电工赵某违章作业。

事故案例 2：

1984 年 5 月 28 日 14 时，在黑龙江省牡丹江市某建筑公司 305 队铁路知青综合楼工地，木工刘某根据工长分配，到地下室安装照明。当移动整理防水线时，手触摸到电线接头外露处被电击倒，由于发现晚，抢救无效死亡。

直接原因：线路绝缘不良。

间接原因：工长违章指挥非电工从事电工作业。

主要原因：违章指挥。

事故案例 3：

1988 年 4 月 27 日下午，在山东省某县建筑公司施工的陵县棉纺厂工地，工人孙某用小铁推车为混凝土搅拌机运水泥、石子。因搅拌机胶皮电线拖在地上被车子铁腿扎破，孙某触电死亡。

直接原因：现场设备电线拖地且破损漏电。

间接原因：工人缺乏自我防护意识。

主要原因：现场设备用电线路铺设不合理，未按规定架空或穿管埋地敷设。

（二）焊工

1. 金属焊接作业包括以下操作项目

（1）手工电弧焊；

（2）气焊、气割；

（3）特殊焊接。

2. 焊接作业人员应按规定穿戴防护工作服、防护手套、绝缘鞋，戴防护眼镜、口罩或头盔、护身器，在特殊的作业场合，还要配有特殊的防护措施。

3. 电焊作业安全操作规定和要求

（1）焊接用的电焊机外壳，必须接地良好，其电源的装拆由电工进行。

（2）电焊机所设的单独开关要放在防雨的闸箱内，拉合时要戴手套侧向操作。

（3）在焊接储存有易燃、易爆、有毒物品的容器或管道时，必须清除干净，并将所有孔口打开。

（4）焊接用的把线、地线，禁止与钢丝绳接触，更不得用钢丝绳或机电设备代替零线，所有地线接头，必须连接牢固。

（5）施焊场地周围应清除易燃易爆物品，或进行覆盖、隔离。雷雨天时，停止焊接作业。

（6）焊接工作开始前，应首先检查焊机和工具是否完好和安全可靠。如焊钳和焊接电缆的绝缘是否有损坏的地方、焊机的外壳接地和焊机的各接线点接触是否良好。不允许未进行安全检查就开始操作。

（7）在狭小空间、船仓、容器和管道内工作时，为防止触电，必须穿绝缘鞋，脚下垫有橡胶板或其他绝缘衬垫；最好两人轮换工作，以便互相照看。否则就需有一名监护人员，随时注意操作人的安全情况，一遇有危险情况，就可立即切断电源进行抢救。

（8）身体出汗后而使衣服潮湿时，切勿靠在带电的钢板或工件上，以防触电。

（9）工作地点潮湿时，地面应铺有橡胶板或其他绝缘材料。

（10）更换焊条一定要戴皮手套，不要赤手操作。

（11）在带电情况下，为了安全，焊钳不得夹在腋下去搬被焊工件或将焊接电缆挂在脖颈上。

（12）推拉闸刀开关时，脸部不允许直对电闸，以防止短路造成的火花烧伤面部。

（13）下列操作，必须在切断电源后才能进行：

1）改变焊机接头时；

2）更换焊件需要改接二次回路时；

3）更换保险装置时；

4）焊机发生故障需进行检修时；

5）转移工作地点搬动焊机时；

6）工作完毕或临时离工作现场时。

4. 气焊、气割作业人员安全操作规定及要求

(1) 施焊场地周围应清除易燃、易爆物品，或进行覆盖、隔离。

(2) 氧气瓶、乙炔瓶所设的位置，距火源的位置不得少于10m。

(3) 乙炔瓶要放在空气流通好的地方，严禁放在高压线下面，要立放固定使用，严禁卧放使用。

(4) 使用乙炔瓶时，必须配备专用的乙炔减压器和回火防止器。

(5) 氧气瓶和乙炔瓶装减压器时，对瓶口污物要清除干净，以免污物进入减压器内。

(6) 瓶阀开启要缓慢平稳，以防气体损坏减压器。

在点火或工作过程中发生回火时，要立即关闭氧气阀门，随后关闭乙炔阀门。重新点燃前，要用氧气将混合管内的残余气体吹静后进行。氧气瓶应有防尘胶圈、旋紧安全帽，避免碰撞和剧烈振动，并防止暴晒。冻结时应有温水加热，不准用火烤。

(7) 点火时，焊枪口不准对人，正在燃烧的焊枪不得放在工件或地面上。

(8) 严禁在带压的容器或管道上焊割。带电设备应先切断电源。

(9) 不得手持连接胶管的焊枪爬梯、登高。

(10) 装置要经常检查和维修，防止漏气。同时要严禁气路沾油，以防止引起火灾危险。

(11) 氧气瓶、乙炔瓶（或乙炔发生器）在寒冷地区工作时，易被冻结。此时只能用温水解冻（水温为40℃）不准用火烤；同时也要注意不得放在日光直射或高温处，温度不要超过35℃。

(12) 点火前，检查加热器是否有抽吸力，其方法是：拔掉乙炔胶管，只留氧气胶管，同时将拧开氧气阀和乙炔阀，这时可用手指检查加热器乙炔管接口处有无抽吸力。有抽吸力时，才能接乙炔管进行点火；如果没有抽吸力，则说明喷嘴处有故障，必须对加热器进行检修，直至有抽吸力时，才能进行点火。

(13)停止工作时,必须检查加热器的混合管内是否有窝火现象,待没有窝火时,方可收起加热器。

(14)乙炔气使用压力不得超过0.15MPa,输气流速不超过1.5~2.0m³/h。当需用较大气量时,可将多个乙炔瓶并联起来使用。

（三）起重

1．起重作业包括的操作项目有：

(1)塔式起重机驾驶；

(2)汽车式起重机驾驶；

(3)桥式起重机驾驶；

(4)施工用外梯驾驶；

(5)垂直式卷扬机操作（5t以上）；

(6)信号指挥（挂勾作业）。

2．起重作业人员要严格遵守吊装作业的"十不吊"准则：

(1)被吊物重量超过机械性能允许范围；

(2)信号不明；

(3)吊物下方有人；

(4)吊物上站人；

(5)埋在地下物；

(6)斜拉、斜牵、斜吊；

(7)散物捆扎不牢；

(8)零、散、小物件无容器；

(9)吊物重量不明,吊索具不符合规定；

(10)6级以上强风。

3．塔式起重机驾驶员安全操作规定及要求

(1)塔式起重机司机要正确、合理地操作,就是对所操作的塔式起重机做到"四懂三会"。即：懂性能、懂构造、懂原理、懂用途；会操作、会保养、会排除故障。既使是理论知识很丰富、操作技术很高超、实际经验很多的司机,在接到一台陌生的塔式起重机时,也应详细地了解和掌握使用说明书中有关技术资料内容,和"四懂三会"实现安全操作。

(2) 在开始作业之前,做好以下几项工作:

1) 按规定做好日常维护保养。

2) 与指挥人员约定好指挥信号的种类及有关事宜。

3) 检查现场环境,要保证有安全作业距离及各种安全条件。

4) 查看前一班作业的各种记录(如履历书、登记表、安全记录等),发现问题及时做出处理。

5) 开始操作时,先鸣号发出警示,提醒注意。

(3) 在施工作业中,要注意做到以下几项:

1) 遵守指挥信号的指挥及有关指挥与信号的有关规定。

2) 保证使用的吊索具及吊运方法符合要求。

A. 按正常各级保养检查使用钢丝绳、吊索具;禁止使用不符合要求的各种吊具和索具。

B. 不准用吊钩直接吊挂重物,必须用索具或专用器具。

C. 细长易散的物品,要捆扎两道以上,并且要有两个吊点;在吊运过程中,使吊运的物品保持水平,不准偏斜,更不允许长度方向朝下,以免在吊运过程中,重物由于自重或振动等原因从捆扎中抽出掉下,发生事故。

D. 不能在起吊的重物上再连挂其它重物,以免吊索具超载、破坏原来的捆扎方式和松紧程度,或发生扯、刮、连、带现象。

E. 吊运碎散物品,要用网、篮、或其它容器盛装,不可用绳索捆扎。

F. 体积大或长的物体要有溜绳,以防止摆动。溜绳应在被吊物体的两端各设一个。

G. 严禁将不同种类或是不同规格型号的索具连在一起使用。例如:钢丝绳与链条、或麻绳等连起来用,它们的挠性不相同,而且对各种捆扎方法的适应性也有很大差别。

3) 严禁超载。

A. 司机要了解所吊重物的准确的实际起重量,不可以估算的为依据。

B. 要了解所吊运物体的堆放情况，不能起吊与其它重物相连的、埋在地下的、与地面和其它物体冻结在一起的以及各种不明重量的重物。

C. 禁止斜拉斜拽，起动和制动要平稳。

D. 不允许把各种安全保护装置，当做正常操作开关使用。

E. 当需要两台塔式起重机共同抬吊一个重物时（俗称双机抬吊），一般每台只能按原起重能力的80%使用。这是考虑到重物的捆扎、吊点的布置、司机操作的熟练程度、机械速度的差别、各种振动等原因，起重量不能平均地分布在两台起重机上。在抬吊作业时，必须有上级技术主管负责人批准，并且要有吊装方案、安全措施等书面交底材料。

F. 各种塔式起重机，禁止在非工作风力下作业。一般的塔式起重机都规定在6级风以下，风速为11～13m/s，风的压力约105Pa。

4) 操作要符合规定。

A. 有档位的机构，一定要逐档操作，不要一下推上全速。几个机构联合动作时，要仔细注意各机构运行的速度和距离，掌握好它们之间的协调性。

B. 临时停电，司机不要离开座位，要拉开总电源开关，并将手柄置于零位，防止通电后继续动作。

C. 司机不能私自接纳任何人操作，经主管部门批准的实习操作人员，或持有政府主管部门发给的塔式起重机操作证的检查人员，方可操作，而前者必须有司机在场负责指导和帮助。

D. 禁止用塔式起重机吊运人员。

E. 在操作过程中，如遇有大风、（6级以上）大雨、大雪、大雾（能见度小于10m）天气，要停止工作；夜间要有充足的照明。

F. 禁止酒后操作。

（4）停止作业之后，要做到以下几项：

1) 起重机停放到周围无障碍的安全位置；同时要将起重小车或动臂式起重机的起重臂停放到规定的位置。起重小车停到臂的根部,动臂式的起重臂放到与水平面为最小夹角。

2) 各操作手柄推到零位,切断电源。

3) 有回转止动装置的塔式起重机,必须将它们打开,以便使起重臂在大风的吹动下能转动。它的倾翻稳定性(就是不倾翻能力)是按着起重臂顺着风向来计算的,起重臂不能随风转动,起重机会有被大风刮倒的危险。

4) 填好履历书,做好各种记录,关上门窗并锁好。

5) 夹紧轨钳。

6) 有电梯装置的,应将电梯升到10m高左右,防止外人进入。

(5) 对塔式起重机进行维护、保养和检测,属于登高作业,要做到以下几点:

1) 起重机作业时,不准对有运动的部位进行保养,维护,也不能隔着它们对别的部位做维护保养。

2) 维修保养各工作机构、电气部份以及更换钢丝绳时,要切断电源,并将手柄推到零位上,同时,将主电源开关柜关门加锁,不能加锁的,一定要挂上警示牌。

3) 维修、保养作业现场或周围有障碍物时,要把塔式起重机开到安全的位置。如果没有行走的条件或是固定式的,在维修保养过程中,要有专人负责监护。

4) 维修保养或更换容易坠落的零件时,起重机下面不能有人。对这些零件要用绳或铁丝预捆好,或用网、兜接着。防止坠落,同时,现场要有人监护,或者用绳索挡上防护圈,挂上警告牌,防止人员进入。

5) 护身栏杆平台的地方维修保养设备时,要先检查身护栏杆和平台的安全性能,在没有护身栏杆,平台或其它安全防护的部位做保养时,必须穿防滑鞋,系安全带,戴安全帽。

6) 使用辅助维修设备,(简单小型起重机、手动倒链、千斤顶等)。对这些设备和装置,在使用之前,还须做全面、仔细的检查。

7) 在维护和保养乘人电梯或活动驾驶室时,要把它们放到最下面。如果条件不允许或无法放下来，必须在它们下面搭上止档或固定在塔身上，防止在维修过程中由于振动或其它原因而造成突然下落。另外，还要搭上临时维修平台，以便于人员安全作业。

8）如临时停电、或机械本身的故障，使重物停在空中不能放到地面，需要检修或维修的，必须将重物放到地面上。在往下放重物时，可以试着撬动制动器，使重物缓慢下降，不可速度太快。万万不可松开制动器弹簧，或是猛然撬开制动器，造成重物自由下放。

9）在维护或修理起升机构或变幅机构的制动器时，要将吊钩放到地面上，或将卷筒固定住以防在修理过程中吊钩或起重臂自由降落。

10）高度限位器与卷筒轴相联接，卷筒需要更换或拆下修理时，检修安装后，要重新调整高度限位器的行程。因为卷筒经过拆卸后，钢丝绳的缠绕情况有了改变，如果不及时调整，一旦司机误操作或遇特殊情况，会发生吊钩超高顶坏起重臂、拉断起重钢丝绳吊钩堕落、或损坏其它机件。甚至伤人。

11）在检查或调整运动的零部件时，绝不可将身体的任何部位接触到相对运动的另一个零部件上，严防被切、碰、挤、卡造成伤亡。也不准用任何工具修理或接触运动中的零部件。更不可跨越和蹬踏运动的零部件。

12）检修在盖、罩里面的零部件时，应该把盖或罩拆下并放到安全的地方，不准半拆半卸，在缝隙里作业。否则，不但会因空间太小，检查不周、修理不彻底，或是紧固不好等影响修理质量，而且也会由于盖、罩已经松动，或是被盖、罩刮、碰，或是盖罩堕落，造成人身伤害事故。检修完毕后，必须把盖、罩安装牢固。

13）在攀登上下塔式起重机时，要从爬梯和平台中通行，禁止不按规定的路线穿越。并应穿防滑鞋、带安全帽。

14）登高过程中，手中禁止握持其它物品，防止影响攀登和物品坠落伤害他人。身上背挂有其它物品，不应对登高有妨碍。

(6) 两人或两人以上同时攀登上下塔式起重机，不准在爬梯或其它只允许一个人通过的地方，互相身体发生接触的情况下超越别人，而且只允许在下面的人携带物品，其他部位的人，不准携带，以防物品坠落伤害下面的人。

(7) 乘坐电梯或活动司机室上下塔式起重机时，禁止将身体的任何部位暴露在梯笼之外，更不允许攀附在梯笼的外面，或超载升降。

(8) 在塔式起重机上，禁止打闹、嬉戏、追赶和抛掷东西。

(9) 塔司要密切注意安全防火的几项规定

1) 塔式起重机的电气设备及元器件很多，线路密集。工作中，电流和电压的变化很大，司机违章操作、超载作业要做好日常维护保养，检查各部绝缘情况。保持刀闸开关、熔断器、接触器、集电环以及其它开关等各处的屏护间距装置齐全、完好，破损或缺少的，必须更换补齐。

2) 司机室内，不能用氢灯或其它明火灯具照明，如夜间作业临时停电，应使用手电筒或其它蓄电照明设备。

3) 禁止用汽油擦洗司机室内的各种设备和电气柜。司机室内不准存放汽油、丙酮、稀料等易燃物。棉丝、润滑油等，应放入铁皮工具箱内，司机室里，不可使用木质的工具箱。

4) 不得在司机室内使用喷灯或电气焊进行维修。如果必需，则要将总电源切断。并且有安全可靠的消防措施，如：用耐火材料（铁皮、石棉板等）对邻近的电气设备，导线等可燃物做好遮挡。必须有专人负责防火，不准维修人员单独作业。

5) 司机室的地板，应有防火层。

6) 每台塔式起重机上要备有完好的干粉灭火器。切不可过期失效或损坏。

7) 发生火灾时，要立即切断电源。并用干粉灭火器扑救，不可使用水或泡沫灭火器。

事故案例：

1988年5月某日，在上海某住宅公司施工的科学院上海分院工地，一台 TD-40 塔机吊运长钢筋 3.66t，超载 83%，司机却在吊运中将力矩限位器关掉，当吊至 3m 高时，起重臂架因变幅伸缩滑轮组的一块连接支撑铁板断裂后前倾摔下，吊物（钢筋）随之坠地，钢丝绳将正在下方挂钩的钢筋工贺某砸伤致死。经济损失 1.55 万元。

直接原因：塔臂支撑铁板出现裂缝；关闭力矩保护器；超载起吊。

间接原因：事故隐患整改不力；对机械操作人员缺乏安全教育。

主要原因：强行违章超载。

4. 汽车式起重机驾驶员安全操作规定及要求

(1) 汽车式起重机驾驶员在准备作业前首先要进行下列各项的安全检查。

1) 出车前，起重机司机要检查起重机的油、水量，并按规定进行各部润滑，添加冷却水和油，对漏油、漏水处要及时排除。

2) 出车前，起重机司机要检查各操作手柄是否工作正常，制动器是否灵敏有效，安全装置是否齐全、完好，对发现的故障要及时修理。

3) 起重机进入现场前，起重机司机要同指挥人员勘察现场，选择好安全停车的位置，尤其要注意作业现场上空有无高压线，地下有无暗沟、暗涵等建筑设施。

4) 汽车式起重机进入现场后，要首先了解被吊运货物的摆放位置，然后选择平整、坚实的地面，作为停车地点，并保持起重机的平稳。

5) 汽车式起重机作业前，要将四个支腿全部伸出，支腿下面要加放垫木，防止作业中支腿下沉；操作支腿开关时，要先放后支腿，再放前支腿，防止损坏起重机。

6) 汽车式起重机作业前，首先要进行一个循环的空负荷运转，检查起重机各工作机构运转是否正常，检查作业现场周围环境，有无妨碍起重机吊运作业的障碍物。

7）起重吊运前，起重机司机要首先查看被吊运货物，熟悉货物的性质、规格、重量和装卸要求；遇有易滚、易滑、易倒的货物，要因地制宜地采取防范措施。

（2）作业过程中应遵守的安全操作规定

1）起重机司机要严格按指挥信号进行操作，并同挂钩工相互配合，自觉服从指挥。

2）吊运货物前，要对被吊物重量进行估算，确定分吊数量和吊挂位置，严格按起重机额定起重量和旋转范围进行作业。

3）起重机开始运转时，起重机司机要鸣铃，提醒作业人员注意旋转动向；货物离地20cm时，要停吊、试臂、试绳、试刹车。

4）起重吊运货物时，要找准货物重心，使吊钩与被吊物保持垂直；遇有棱角坚硬的货物，要加放衬垫，保护绳索，货物吊挂要牢固。

5）汽车式起重机进行吊运作业，只准许在起重机左右两侧及后面进行，严禁在起重机前方吊运或从驾驶室上空旋转跨越。

6）起重吊运货物时，要将货物提升到安全高度后，再作回转、变幅运动；回转时，速度要慢，制动要平稳，减少货物摆动。

7）起重吊运货物不准许在地面旋转,操作中带载变幅要平稳，不允许在作业中长时间将货物悬吊在半空中，而司机离开操作室。

8）起重吊运作业时，卷筒上的钢丝绳最少要有三圈的余量，不准许钢丝绳重叠，打结，绞拧时，强行操作升降或进行调整。

9）起重吊运作业中，严禁调整支腿，需要调整时，要停止吊运，收回起重臂，进行紧固和垫平。

10）汽车式液压起重机在作业中需要主、副吊钩交替作业时，在伸长起重臂前，要将吊钩绳下降到安全位置。

11）起重吊运作业中，起重机运转不允许从作业人员上方通过，被吊物上面不允许站人或搭放其它货物，运转中要避免碰撞。

12）起重吊运作业中，不准许起重机带载荷强行伸缩或同时进行两个动作，也不准许用起重臂拖拉，碰撞货物，或搭乘挂钩工上下货物。

13）现场作业中遇有需要移动起重机时，必须将起重臂、支腿收回原处，才能移动位置，不准伸臂或伸支腿时移动起重机。

14）汽车式起重机在作业中，转台上不准许站人或停留；吊运中不准许进行检查、润滑、维修等工作；起重臂未收回原处时，挂钩工不准许上车乘坐或作收车准备工作。

15）起重吊运中，需要起重机抽绳时，货物上面不准许站人，被吊货物要堆码，加固牢靠；抽绳时，要鸣铃，操作要缓慢、平稳。

16）起重吊运中，遇有线路、树木、建筑物时，起重机的钢丝绳与其距离至少1m以上；遇有高压线时，起重机和被吊物要与高压输电线保持安全距离，并指定专人监察现场。

17）起重吊运中，不准许主、副卷扬同时工作；夜间作业，现场要有足够的照明条件，起重机灯光要齐全，指挥信号要清晰、准确。

18）使用两台起重机进行的抬吊作业，要有作业方案，选择好吊点，指定专人指挥；吊运时，起重机吊钩须与被吊物垂直，货物捆绑、吊挂要牢靠，每台起重量不准许超过额定量的80%。

19）起重吊运中，遇有异常声响、抖动、发热、异味时，应停止操作；遇有大风、大雾、雷雨、大雪天气，视线不清或对安全有影响时，可暂停作业；遇有紧急情况时，要立即鸣铃或报警，停止作业，及时采取防范措施。

（3）完成作业后的注意事项

1）起重吊运作业完成后，司机要鸣铃，收放起重臂，收支腿时，要先收前支腿，再收后支腿，支腿完全收回，吊钩要挂好安全绳。

2）收完起重臂和支腿后，随车挂钩工再将吊索工具、垫木，收到起重机的安全位置；起重机司机，要提醒挂钩工选择安全的位置乘坐。

3）起重机司机离开操作室前，要切断电源，关闭起动开关，将各操作手柄复位，制动装置处于安全状态，关好门、窗、锁好车门。

4) 收车后，起重机司机要做好例保工作，清除起重机上的污垢，保持各工作机构清洁，冬季收车后，要将水箱中的水放净。

5) 收车后，起重机司机要检查各部机件有无漏油、漏水、松动、裂纹、变形损坏，安全制动装置是否有效，钢丝绳有无磨损、断股。

6) 收车后，起重机司机对作业中发现的隐患、出现的故障、检查中发现的问题，要及时报修、排除，保持起重机始终处于完好状态。

事故案例：

1987年4月10日，在黑龙江省齐齐哈尔市某建筑公司施工的大康县某厂工地，吊车司机杨某和其他几名架子工用一台16t汽车吊放倒一座36m、高3.1t重的龙门架。在放下过程中，由于产生了余振，架体向左倾斜，吊臂向左折断，液压缸将驾驶室砸塌，将司机杨某砸死。经济损失9500元。

直接原因：因斜吊造成折臂。

间接原因：拆除龙门架没有具体安全措施。

主要原因：操作者缺乏安全知识，违章操作。

5. 桥式起重机驾驶员安全操作规定及要求

(1) 桥式起重机驾驶员作业前进行交接班时注意的安全事项和应进行的安全检查：

1) 交班时应认真负责地向接班人介绍当班工作情况，交接班人员应共同做好检查维护工作。下班时若无人接班，当班司机应写好交接班记事簿。

2) 连续工作的起重机，每班应有15～20min的交接班检查和维护时间。不连续工作的起重机，检查维护工作应在工作前进行。

3) 交接班检查时，应按一定顺序进行检查以防漏检。交接班检查的主要内容和顺序为：

A. 接班时应首先检查保护箱刀开关是否断开，不允许带电进行检查。

B. 检查常用工具与易损备件齐全完好情况。

C. 检查制动器（特别是制动电磁铁）的销轴，连接板和开口销是否完好。销轴与开口销磨损超过允许值时，应及时更换。

D. 检查起重机各机构、各开关是否正常，各部位固定螺栓是否松动，车上有无散放的各种物品。

E. 按规定向各润滑点加注润滑油脂。

F. 检查运行轨道上及轨道附近有无妨碍运行的物品。

G. 检查钢丝绳在卷筒上的缠绕情况，有无串槽或重叠。

H. 检查集电器的滑块在滑线上接触的情况。

I. 控制器触头的接触情况。

J. 在主开关接电之前，司机必须将所有控制器手柄转至零位，并将从操纵室通向走台的门和各通路口上的门关好。

K. 进行上述检查后，合上刀开关，进行试车，试车前应发出警告信号。

L. 试验起升机构制动器的松紧情况和上限开关是否良好。

4）交接班时，应把车停在专用梯子处，司机必须沿专用梯子上下。上下直立梯子时，应把工具等放在背兜内，手中不许拿东西；接班人应在交接班人把车停稳后再上车。

5）不要在主梁上行走，更不允许由这个主梁迈到另一主梁上去。

6）一般情况下不许带电检查和维修。

7）手持检查灯在走台上行走时，应防止灯线被挂住时，将人拖倒。

8）为防止压缩空气胶管被挂住时或从两主梁中滑下时把人拖倒。不允许一个人给起重机用压缩空气除尘。

9）用拖布清扫车上油污及灰尘时，不要站在主梁上，以防用力过猛闪倒或跌落。

10）车上油污应及时清除，以免行走滑倒。

11）检修或观察控制器时，必须在切断电源后进行。带电检查控制器工作时，必须把保护罩盖上。

(2) 桥式起重机驾驶员在运行过程应注意的安全事项

1）开车前应认真检查设备机械、电器部份和防护保险装置是否完好、可靠。如果，控制器、制动器、限位器、电铃、紧急开关等主要附件失灵，严禁吊运。

2）起重机各机构开动时，接近同跨或上下层其它起重机时，重物运行线路上有人时、必须发出警告信号（电铃或其它警报器）。

3）必须精神集中，不准与同室其它人闲谈，不准喝酒、吸烟和吃东西。

4）先空车开动各机构，判断各机构运转是否正常。

5）应在规定的安全走道，专用站台或扶梯上行走和上下。大车轨道两侧除检修外不准行走。小车轨道上严禁行走。不准从一台天车跨越到另一台天车。

6）工作停歇时，不得将重物悬在空中停留。运行中，地面有人或落放吊件时应鸣铃警告。严禁吊物在人头上越过。吊运物件离地不得过高。

7）两台天车同时起吊一物时，要听从指挥，步调一致。

8）运行时，天车与天车之间要保持一定距离，严禁撞车，同壁行吊车错车时，天车应开动小车主动避让。

9）检修天车应停靠在安全地点，切断电源挂上"禁止合闸"的警示牌。地面要设围栏，并挂"禁止通行"的标志。

10）重吨位物件起吊时，应先稍离地试吊，确认吊挂平稳，制动良好，然后升高，缓慢运行。不准同时操作三只控制手柄。

11）天车运行时，严禁有人上下。也不准在运行时检修和调整机件。

12）运行中突然发生停电，必须将开关手柄放置到"0"位，起吊件未放下或索具未脱钩，不准离开驾驶室。

13）运行时由于突然故障而引起漏钢或吊件下滑时，必须采取紧急措施向无人处降落。

14）露天行车遇有暴雨，雷击或6级以上大风时应停止工作，切断电源。车轮前后应塞垫块卡牢。

15）夜间作业应有充足的照明。

16）龙门吊安全操作按本规程执行。行驶时注意轨道上有无障碍物；吊运高大物件妨碍视线时，两旁应设专人监视和指挥。

17）工作完毕，天车应停放在规定位置，升起吊物，小车停到轨道端点。并将控制手柄放置"0"位，切断电源。

（3）天车司机在作业后应注意事项

1）把起重机开到规定的停车点，把小车停靠在操纵室一端，将空钩起升到上限位置，把各控制器手柄转到零位，断开主刀开关。电磁或抓斗起重机的起重电磁铁或抓斗应下降到地面或料堆上，拉紧起升钢丝绳。

2）清扫和擦抹设备时，禁止站在主梁上（主梁与走台共用者除外），不准从一根主梁跨跃到另一根主梁上。

3）起重机上的油污要及时清掉，防止踩上后滑倒。

4）在露天工作的起重机，应检查夹轨器夹紧情况或其它固定法的固定情况。

5）把写好的交接班记录本交给接班司机，并将操作中所发现的问题，向接班司机或有关领导人员汇报。

6）操纵时要"稳、准、快、安全"：

稳——起动、制动平稳，吊具不游摆；

准——吊具或起重机准确的停在所需要的位置上；

快——协调各机构的动作，缩短工作循环时间；

安全——不发生任何人身和设备事故。

7）必须听从指挥信号，信号不明或指挥工没有离开危险区（如指挥工站在重物上或在地面设备与重物之间的狭窄地区）之前不准开车。

8）司机只听从事前指定的指挥工发出开车信号。任何人发出的停车信号，都必须立即停车。

9）由于受环境或其它因素影响，指挥工发出的信号与司机预见不同时，应发出询问信号，确认指挥信号与指挥意图一致后再操作。

10) 对捆绑方法不当或吊运中有可发生危险时,司机应拒绝吊运,并提出改进意见。

11) 指挥工虽发出指挥信号,但他不注视被吊重物时,不应该开车。

12) 有主、副两套吊具的起重机,应把不工作的吊具升至上限位置,且不准挂其它辅助吊具。

13) 必须在重物离开工作面两米以上时,才允许开动大车或小车。

14) 起重机的控制器应逐级开动,禁止将控制器手柄从顺转位置直接转到反转位置作为停车之用。

15) 起重大车或小车应缓慢的靠近终点,尽量避免碰撞挡架。

16) 抓斗的升降应保持平稳,防止由碰撞而造成转动。

17) 抓斗在卸载前,要注意升降绳不应比开闭绳松驰,以防止冲击断绳。

18) 抓斗在接近箱底面抓料时,注意升降绳不可过松,以防抓坏车皮。

19) 机车在未摘钩和未离开前,抓斗不得靠近车箱,不准进行抓料。

20) 抓满物料的抓斗不应悬吊 10min 以上,以防止溜抓伤人。

21) 在操作过程中,如果听到有不正常的声音时,应立即停车断电进行检查,吊重物时应稳妥的放下。

22) 正在工作的起重机,遇有突然停电或线路电压下降时,应尽快将各控制器转回零位,切断操纵室中的紧急开关,并通知指挥工。如停电时重物吊在半空,司机和指挥工不准离开岗位,要警戒任何人不准通过危险区。

23) 起升机构制动器在工作中突然失灵时,要沉着冷静,必要时将控制器转在低速档,做慢速反复升降动作,同时开动大车或小车,选择安全地区,放下重物。

24）要时时注意门式起重机和装卸桥两边支腿的运行情况，如发现偏斜应及时调整。

25）两人操纵一台起重机时，不工作的司机不准擅自上、下车，必须停在车点才准上、下车。

6. 施工外用电梯驾驶人员安全操作注意事项

（1）施工外用电梯司机在作业前要认真检查外用电梯的安全装置是否齐全有效，认真按照操作技术规程执行运转前的各项检查。

（2）上班第一次开车离地 1m 停车，检查工作笼是否下滑、上爬。并做其它试运转，证明性能正常后，方可正式工作。

（3）不准超载工作，载荷严格限制在出厂规定的额定范围内。运送物料不得伸出在护网外面。

（4）电梯每次起动前都要鸣警示意，操作时司机必须精神集中，严禁与别人闲谈打闹，看书报等。

（5）运送物料在工作笼内必须平均分布，防止偏重。

（6）随时注意信号，遇不正常情况立即停车。

（7）在视线差、大雾、雷雨、导轨冰冻等危险条件禁止开车。

（8）合闸后司机不准离开调笼，下班后吊笼降至地面，拉开电源开关，锁好操纵箱后才能离开。

（9）制动器、限速器要经常检查调整，确保安全可靠，在其失灵或有故障时，严禁开车。

（10）大风情况下开车要小心，风速超过 12m/s（6级风）时严禁开车，吊笼停于地面。

事故案例：

1986年12月12日，北京某建筑公司在某工地用外用电梯运送脚手板，由于脚手板搭放太高、分布不均匀，外梯上升过程有些晃动，一木板冲破封闭立网坠下，砸到刚好路过此地的杂工王某头上，抢救无效死亡。

直接原因：脚手板分布不均，由于偏重造成外梯运行不滑落。

间接原因：安全教育不到位。

主要原因：电梯司机违反操作规定。

7. 卷扬机司机安全操作注意事项

（1）卷扬机应做到定人定机。卷扬机司机必须熟悉本机构造、原理、性能操作方法，保养规则和安全规程。

（2）工作开始时应先检查卷扬机、井字架、吊盘等各部有无异常现象。机身、井架是否固定牢靠，卷扬机的外露皮带、齿轮等传动滑轮是否符合要求（禁止使用开口滑车）。

（3）操作前应进行试车，检查各项动作及制动设备是否灵敏可靠，检查各部连接紧固件是否完好可靠。检查工作条件及各安全装置是否符合要求。经检查试运转合格后方准操作。

（4）卷扬机滚筒上的钢丝绳应排列整齐。如果缠乱需滚绕重缠时，严禁一人用手、脚引导缠绳。（这时只能由两人配合缠绕钢丝绳，一人操作，一人在 5m 外用手引导，两人密切配合将钢丝绳缠好。）钢丝绳在滚筒上至少保留 3 圈以上，钢丝绳磨损达报废标准时必须及时更换，并不得使用有接头的钢丝绳。

（5）卷扬机要严禁超载运行。其电动机的工作电压应与铭牌上规定相符，其变动范围不得超过 $+5\%$（如 380V 的电动机应在 $360\sim400$V 之间）。若电压变动超过 $+5\%$，应减少荷载 30%；当电压变动超过 $+10\%$ 时应立即停止。

（6）操作时，司机要精神集中，不准与旁人闲谈打闹。要随时注意卷扬机的动静和各部的运转情况是否正常。

（7）卷扬机运输中发生下列情况时，必须立即停车检修。

1）电气设备发现漏电；

2）起动器的触点发生火弧或烧毁；

3）电动机在运行中温升过高或有不正常的声音；

4）电压突然下降；

5）防护设备脱落；

6）制动设备失灵或不够灵敏。

（8）卷扬机在高车架吊运时，吊盘在各层停靠时，必须先将吊盘停靠安全闸打开，托住吊盘，确保吊盘不至坠落后，方准上人接送物料。

（9）卷扬机起吊吊盘时，吊盘内严禁坐人。人未离吊盘不得起吊，起吊后垂直下方不准有人通行或操作，发现下方有人时，吊盘不得下落或上升。

（10）用卷扬机垂直运输时，上、下联系应有明确的信号，如电铃、信号灯等。司机要坚守岗位，严禁非操作人员乱动。

（11）卷扬机分班操作时，应坚持交班制度，交机械情况、交任务、交防患事项。

（12）工作完毕，必须将吊盘落下，将电源闸刀断开，将闸箱锁好后方可离开本机。

事故案例：

1985年8月20日，某公司在面粉厂工程拆除顶层钢模，将拆下的19根钢管（每根4m长）和扣件运到井字架的吊盘上，6名工人随井盘一起从屋顶18m高下落，当卷扬机起动下降时钢丝绳就折断，人随吊盘直落下地，死1人，重伤5人。主要原因：（1）工人违章乘吊盘，并超载1倍以上。（2）开卷扬机的工人是临时民工，没有受过专业培训，没有操作证。（3）对钢丝绳没有正常的磨损报废检查制度。

8. 信号指挥（挂勾）工安全操作要求及规定

（1）信号指挥工配戴"信号指挥"标志或特殊标志。安全帽、安全带指挥旗、口哨备齐并正确使用。严禁酒后进行作业。

（2）熟悉起重机械的性能。向起重机司机和挂钩工进行旗语、手势音响信号的交底。

（3）了解吊运物的体积、重量，摆放位置，其他固定物的连接和掩埋情况等，确定吊装方法、吊点、吊运安装过程。

（4）检查吊具、索具、吊运容器等是否符合要求。发现变形、开焊、裂纹等情况必须及时处理，否则不准使用。

（5）检查吊运和起重设备钢丝绳的状况，有达"钢绳报废标准"情况之一时，必须立即更换。尚未达报废标准，又有严重磨损时，必须降低其允许拉力使用。但必须保证钢丝绳按规定的安全系数使用。

（6）起重机钢丝绳接头只允许银扣插接，不准使用卡子。可用卡子连接处，使用卡子的规格、数量、间距和卡接方法必须正确。

（7）使用吊具、吊索附件等时，其状态必须符合规定要求，使用方法正确。

（8）检查吊具和与之配套使用的承载钢丝绳规格、尺寸是否相适应。承载钢丝绳必须具有良好的润滑状况。

（9）检查起重吊运行走路线是否畅通，有无障碍，轨道状况是否正常，发现问题必须先处理完毕再开始作业，不准凑合。

（10）吊运装作业人员必须精力集中，作业中不准吸烟、吃东西、闲聊、玩笑、打闹，随时注意起重机的旋转、行走和重物状况。

吊运装作业人员在工作或起吊动作未结束时，不准擅自离开作业岗位。

（11）旗语、手势信号明显、准确，音响信号清晰宏亮。

上、下信号密切配合，下信号要服从上信号指挥。

（12）信号指挥站位得当，指挥动作要使起重机司机容易看到，上下信号容易联系，始终能清楚观察到起吊、吊运、就位的全过程。

信号指挥站位要有利于保护自身的安全。不能站在易受碰撞、磕绊、难躲避，易受意外伤害，无保护措施的墙顶等危险部位。

（13）起吊离地 20~30cm，应停钩检查。检查内容包括起重机的制动、稳定性，吊物捆绑的可靠性，吊索具受力后的状态等。发现超载，钢丝绳打扭、变形，钩挂不牢，吊索受力不均，吊点不当，吊物松散、不平稳、有浮摆物、钩挂，其他起吊疑问等，应立即落钩，处理彻底后再起吊。

（14）吊物悬空后出现异常，指挥人员要迅速判断、紧急通告危险部位人员迅速撤离。指挥吊物慢慢下落，排除险情后才可再起吊。

(15) 吊运中突然停电或机械发生故障，重物不准长时间悬空。要指挥将重物缓慢落在适当的稳定位置并垫好。

(16) 严禁吊物从人的头顶上越过。必须越过障碍物或人头顶时，其距离不准小于 50cm。

(17) 吊钩上升时，吊钩起升的极限高度应与吊臂顶点至少保持 2m 的距离。

(18) 起重机行走时，应注意观察并及时排除轨道上的人或障碍物，注意电缆应有足够的长度，轨钳是否打开。起重机与轨道止挡至少要保护 1m 的安全距离。

(19) 群机或同一轨道上两台塔式起重机作业，指挥人员间必须配合好，注意保持起重机间的安全距离：两机起重臂的安全距离不得小于 5m，防止两机碰撞或吊物钩挂。

(20) 吊运不易摆放平稳或易脱钩的重物时，必须使用卡环或专用的安全吊具，保证稳起稳落。严禁用钩直挂吊运。

(21) 严禁吊物越过民居、街巷、有人建筑物、高压线和在其上空旋转。必须时，应于吊运前采取相应的有效措施。

(22) 塔式起重机不准在弯道处吊重。必须在弯道上进行起重作业时，要认真拟定作业方案、制定安全技术措施，经技术主管批准。指挥人员必须按弯道作业书面安全交底的规定指挥吊运装作业。

(23) 坚决抵制违章作业指令，坚持"十不吊"，严格执行吊运作业安全操作规程。

事故案例：

1998 年 10 月 17 日上午 10 点 10 分，某公司承建的某工地 12 层 6 号电梯井内，木工班工人孔某、姬某、翟某、李某站在井内定型大模板底盘上，将底盘从 11 层提升到 12 层就位，四人用钢丝绳穿过吊环进行吊挂，信号工陈某（无证）指挥上到 12 层时，由于南侧两个支撑点没到位，木工班长王某上到底盘上，欲帮助调整。由于吊挂不合理，底盘受力不均，逐向南侧倾斜，除李某一人外，其余四人坠落到一层，两人当场死亡，一人送医院经抢救无效死亡，一人重伤。

直接原因：工人违章站在吊物上；钢丝绳吊挂吊点部位不对，底板失去平衡倾翻。

间接原因：无证信号工违反"十不吊"原则，违章指挥；电梯井防护不到位，工人安全教育不严。

主要原因：无证信号工违章指挥、工人违章作业。

（四）架子工

1. 建筑登高架设作业包括以下操作项目：

（1）建筑脚手架拆装；

（2）起重设备拆装。

2. 建筑登高架设作业人员，应熟知本作业的安全技术操作规程，严禁酒后作业和作业中玩笑戏闹，禁赤脚，禁穿硬底鞋、拖鞋和带钉鞋等，穿着要灵便。

3. 必须正确使用个人防护用品及熟知"三宝"的正确使用方法。

4. 架子工在高处作业时必须有工具袋，防止工具坠落伤人。

5. 架子工在高处作业使用的材料、工具，必须绳索传递，严禁抛掷。

6. 架子工安全操作应遵守的"十二道关"

（1）人员关。有高血压、心脏病、癫痫病、晕高、视力不够等不适合做高处作业的人员，未取得架子工特种作业上岗操作证的人员，均不得从事架子高空作业。

（2）材质关。脚手架所需要用的材料、扣件等必须符合国家规定的要求，经过验收合格才能使用，不合格的决不能使用。

（3）尺寸关。必须按规定的立杆、横杆、剪刀撑、护身栏等间距尺寸搭设，上下接头要错开。

（4）地基关。土壤必须夯实，立杆再插在底座上，下铺5cm厚的跳板，并加绑扫地杆，要能排出雨水。高层脚手架基础要经过计算，采取加固措施。

（5）防护关。作业层内侧脚手板与墙距离不得大于15cm；外侧必须搭设两道护身栏和挡脚板，挡脚板高挡牢固严密，或立挡安全网下口封牢。10m以上的脚手架，应在操作层下一步架搭设一层脚手板，以保证安全。如因材料不足不能设安全层时，可在操作层下一步架铺设一层安全网，以防坠落。

（6）铺板关。脚手板必须满铺，牢固，不得有空隙、探头板和飞跳板。要经常清除板上杂物，保持清洁平整，操作层有坡度的，脚手板必须和小横杆用铅丝绑牢。

（7）稳定关。必须按规定设剪刀撑。30m以上的脚手架剪刀撑应用双杆。必须按楼层与墙体拉接牢固，每层拉接点水平距离不得超过4m。

（8）承重关。荷载不得超过规定，在脚手架上堆砖，只允许单行侧摆三层。

（9）上下关。工人安全上下、安全行走必须走斜道和阶梯，严禁施工人员从架子爬上爬下。

（10）雷电关。脚手架高于周围避雷设施的必须安装避雷针，接地电阻不得小于10Ω。在带电设备附近搭拆脚手架时应停电进行。或者遵守下列规定：严禁跨越35kV及以上带电设备；10kV及以下，水平和垂直距离不应小于3m。

（11）挑别关。对特殊架子的挑梁、别杆是否符合规定，必须认真检查和把关。

（12）检验关。架子搭好后必须经过有关人员检查验收合格才能上架操作。要加强使用过程中的检查，分层搭设。分层验收，分层使用，发现问题及时加固。大风、大雨、大雪后也要认真检查。

事故案例：

1983年10月4日，北京市东安街的某院工地，东段一座刚刚搭起的高54m、长17m（自重56t）的双排钢管脚手架突然塌落，12名架子工随架子同时坠落，被压在垮塌的架子下面，其中5人当场死亡，7人负伤。架子距地面5m左右处的立杆首先变形，向外弯曲，引起群柱失稳，造成架子整体先下沉，而后成"之"字形折叠垮塌。发生事故的主要原因是：（1）为抢进度，未经批准擅自改变原施工组织设计中外装饰用吊篮的方案,擅自决定搭设钢管双排外架;(2)高大架子只拟出一分简单的搭设方案,只要求立杆加密,单杆改双杆等。对高大十几米长的片架子的稳定性、立杆承载能力、与墙拉接等关键问题,均未加以明确。特别是对建筑物一二层的凹进部位未予考虑。(3)双排架子下面三步未要求铺脚手板,也没有考虑多设置小横杆(14组里外立杆只设了8根小横杆),这就大大削弱了最下面三步架的刚性连结,加大了立杆的细长比,使架子最底部立杆承重力最大的部位,成为最薄弱稳定性最差的部位。(4)地基未平整夯实。工人抢进度没向工长汇报,仅用木方木板把坑凹处垫了垫,造成立杆受力不均匀。交底中规定用四股铅丝将架子与建筑物拉接,而实际多数是用单股。(5)西段已经搭完的高大架子没有组织有关部门验收,因而也发现不了东段架子结构上存在的严重问题。造成这起特大恶性事故的主要责任者受到了法律制裁。

事故案例:

1986年7月4日,湖北省黄石市某工农建筑队施工的有色金属公司855住宅楼进入收尾外墙粉刷。由于施工人员为了工作方便,将龙门架与墙体连接筋砍断;2~4楼落地灰(上料平台)也没有及时清理,造成上轻下重,使龙门架失稳倒塌。正在龙门架上作业的女工马某,王某,江某3人随即从高处坠落,马、王两人当场死亡,江受重伤。

直接原因:施工人员违反操作规程,先砍断架子与墙体的拉结。

间接原因:现场缺乏监督检查,余料未及时清理。

主要原因:工人违章作业。

(五)厂内机动车辆驾驶

1.建筑施工现场常见机动车辆驾驶操作项目:

(1)翻斗车驾驶;

(2)机械施工用车驾驶。

2.**翻斗车**

(1) 翻斗车驾驶安全操作注意事项

1) 机动翻斗车应取得驾驶证的专职司机驾驶，禁止非司机开车。司机应了解本机构造、技术性能、交通规则和安全操作规程，并必须按清洁坚固、润滑、调整、防腐的十字作业法对翻斗车进行认真的维护保养。

2) 工作前应检查本机各部件无异常，再起动柴油机。起动柴油机前，变速杆放于空档位置，将油门踏板扳在慢车位置。冬季起动时，可将张紧轮脱开，减少摩擦便于起动。

3) 柴油机发动后，试运转片刻，确认运转正常，无异常音响待车跑起来后再换二档、三档、禁止三档起步。

4) 操作中司机必须精神集中，不可与别人打闹及说笑。并要随时注意各种工作情况有无异常现象，如有机件过热，联接松动，作用失灵等故障，一经发现，应立即停车检修，不可"带病"勉强行驶。翻斗车斗内严禁乘人。

5) 路面情况不良必须以低速档行驶，避免剧烈加速和剧烈颠簸。由低速档往高速档变换时，应逐渐提高车速，避免将油门一下子踏到底的猛烈动作。在一般情况下，制动要平稳，尽量避免急剧刹车。

6) 换档时应正确使用离合器，离合器开始接合时应缓慢，当完全接合后，应迅速把脚移开踏板，在行驶中不得使用半踏离合器的办法来降低车速。只有当翻斗车完全停止后，才可换入倒档。

7) 爬坡时如道路情况不良，应根据车速情况，尽量事先换低速档爬坡。下坡时，不宜高速行驶，严禁脱档高速滑行，避免紧急刹车，防止车子向前倾翻，禁止下25°以上的陡坡。

8) 翻斗车停稳后，才能抬起锁紧机构手柄进行卸料，禁止在制动的同时翻斗卸料。

9) 在坑边缘倒料时，必须设置安全可靠的车档方可进行施工。车辆离坑边10m处就必须减速行驶，到靠近车档处倒料，防止车辆翻入坑内造成事故。

10）粘结在斗子里的混凝土、灰浆，翻斗倒不出来时，应采取人工清除，禁止用车辆高速行驶，突然制动，惯性翻斗的办法来清除斗内残留物。

11）机动翻斗车上公路行驶或夜间工作，灯光一定要齐全。上公路行驶必须严格遵守交通规则。并且在夜间运行或在人多路段内行驶时，应降低车速。

12）下班前应认真清洗车辆。在冬季，停车后必须放尽发动机的冷却水，避免冻坏发动机。

（2）常见事故分析

1）在坑边作业（如倒土时），不慎翻于坑中。

2）下坡，尤其是下陡坡时，司机操作不当，造成翻车。

3）车辆出故障（如刹车失灵，方向机失灵等）失去控制，或司机开车麻痹大意，或非司机开车等撞、压伤人，或撞坏建筑设施，撞坏翻斗车本机等等。

4）摇车时摇把甩出伤人。

5）冬季停车后忘记放掉冷却水，冻坏发动机。

3．推土机

（1）安全操作注意事项

1）托运装卸车时，跳板必须搭设牢固稳妥，推土机开上、开下拖板时必须低档运行。装车就位停稳后要将发动机熄火，并将主离合器变速杆、制动器都放在操纵位置上，同时用三角木把履带塞牢，如长途运输还要用铁丝绑扎固定，以防在运输时移动。

2）在陡坡（25°以上）上严禁横向行驶，如果要在25°以上陡坡进行横向推土时，应先进行挖填，使推土机保持平衡后，方可进行工作。

3）在陡坡上纵向行驶时，不能拐死弯，否则会引起履带脱轨，甚至造成侧向倾翻。

4）下坡时，不准切断主离合器滑行，否则推土机速度将不易控制，造成机件损坏或发生事故。

5）在下陡坡时，应使用低速档，将油门放在最小位置，慢速行驶。必要时，可将推土机调头下行，并将推土板接触地面，利用推土板和地面产生的阻力控制推土机速度：

6）在高速行驶时，切勿急转弯，尤其在石子路上和粘土路上不能高速急转弯，否则会严重损坏行走装置，甚至使覆带脱轨。

7）在行走和工作中，尤其在起落刀架时，应特别注意勿使刀架伤人。

8）推土前要了解地下有无埋设物和埋设物的埋设位置，要注意不要推坏地下埋设物。

（2）常见事故分析

1）在陡坡或坑边工作时由于注意不够或操作不当造成倾翻。

2）托运装卸车中，在上下拖板时，由于跳板搭设不当或司机操作不当发生事故。

3）在拖运途中，由于捆绑固定不好而发生事故。

4）在工作或行走时，司机不注意，起落刀片时碰伤人。

5）对地下埋设物事先不了解，盲目推土，推断电缆，管线等造成事故。

4．挖掘机

（1）安全操作注意事项

1）在工作时，挖掘机应停放在平坦坚实的地面上，以保证回转机构的正常工作。

2）在挖掘多石土壤或冻土时，应先爆破，然后进行挖掘。

3）履带式挖掘机不应自行移动较大距离（5km以上），以免行走机构遇到过渡损伤。

4）挖掘机上坡时，驱动轮应在后面；下坡时，驱动轮应在前面，且动臂在后面。挖掘机在通过铁道或软土、粘土路面时，应铺设垫板。

5）禁止在危险的掌子面下面工作或停放。在高的工作面上挖掘散粒土壤时，应将工作面的较大石块和其它物品除掉，以免其坍下造成事故。如将土壤挖成悬空状态而不能自然坍落时，则需用人工方法处理，不得铲斗将其弄下，以免造成事故。

6）当铲斗未离开工作面时，禁止挖掘机转动。在挖掘机转动时，不得用铲斗对工作面等物进行侧面冲击，或用铲斗的侧面刮平土壤。

7）在挖掘机工作时铲斗及斗杆下方不得有人穿越或停留。在铲斗下落时，注意不要冲击车架和履带，不要放松提升钢丝绳。当铲斗接触地面时，禁止挖掘机转动。

8）做拉铲，抓铲工作时，禁止高速回转，禁止在风压大于250Pa条件下工作。

9）挖掘机移动时，动臂应放在行走方向，铲斗距地面高度不得超过1m。铲斗满载时，禁止移动。

10）挖掘前要了解地下有无埋设物和埋设物的埋设位置，要注意不要挖坏地下埋设物。

（2）常见事故分析

1）倾翻。造成原因主要有：在坑边作业时，由于离坑边太近，土方坍方等原因造成倾翻；铲斗吃土太深，或挖硬物强使劲硬挖，造成超负荷引起机械损坏甚至倾翻；在颠簸不平的路上或坡道上行走时，速度未掌握好，造成倾翻。

2）托运时发生事故。造成原因主要有：在上、下拖板时，由于跳板未搭好，跳板强度不够或司机操作不当，造成事故；由于垫塞不好，绑扎不牢，在托运途中，造成挖掘机串动甚至被摔下拖板的事故；在拖运途中，注意不够或路线未选好造成挂坏空中电线或与桥洞、架空管线相撞。

3）操作时斗及斗杆失控摔下砸人，或砸坏斗及斗杆等。

4）在危险的掌子面下工作或停放时，突然坍方造成伤人或砸坏挖掘机的事故。

5）对地下埋设物事先不了解，盲目挖掘，挖断电缆、管线等造成事故。

5. 厂内机动车驾驶员作业准则

（1）"十慢"是：起步慢，转弯慢，下坡慢，倒车慢，过桥慢，交会车慢，交叉路口慢，视线不良慢，雨雪路滑慢，挂有拖车慢。

(2)"十不准"是：不准超载，不准抢挡，不准高速行驶，不准酒后驾驶，开车时不准吃东西，开车不准与他人谈话，人货不准混装，视线不清不准倒车，不准非驾驶人员开车，行驶中不准爬上跳下。

(3)"十不开"是：车辆有病不开车，车门不关好不开车，人没坐稳不开车，货物没有装好不开车，踏脚板上站人不开车，翻斗不装好不开车，装运货物超高超长没有安全措施不开车，装运危险品违反安全标准不开车，三照不全不开车，学员没有教练带领不开车。

(4)"七好"是：刹车好，灯光好，喇叭好，信号标志好，车辆保养好，规程规则遵守好，安全措施执行好。

(六) 锅炉压力容器

锅炉、压力容器、气瓶等是具有一定危险性的特殊设备，随着工业的不断发展，这些特种设备从设计制造到使用监察都建立了严密的规程、条例和严格的监督、监察机制。但由于使用维护不当或违反安全操作规程,特种设备爆炸所带来的危害是巨大的。由于在施工现场中使用较少，在此仅就有关问题做以简要介绍。

1. 特种设备爆炸时引起的伤害

(1) 碎片的破坏作用

特种设备爆炸时，其容积的气体或液体蒸汽高速喷出的反作用力可使容器外壳破碎形成大小不等的碎片飞出，造成很大伤害，使人员死亡。

(2) 有毒气体形成的毒害区

当盛有有毒物料，如液氨、液氯、二氧化硫、二氧化氮、氢氰酸等的容器发生破裂时，大量气体外溢，在空气中扩散，形成大面积的毒害区，污染环境、水源，使人、动物中毒，植物枯死。

(3) 可燃性气体形成的燃烧区

可燃性外溢，迅速扩散到空气中，与周围空气混合燃烧，尤其发生二次爆炸时，会形成一片火海。

2. 特种设备爆炸的主要原因分析

(1) 设计失误，安全装置不当或粗制滥造引起

1) 材料选用不合要求，或质量低劣，存有大量超标缺陷。

2) 设备主要元件、结构设计不合理，不能满足强度计算要求。

3) 制造质量差、焊缝质量低劣。

4) 容器的安全装置及附件设计不符合要求。

(2) 使用不当，造成设备强度降低而破裂。

1) 违章操作、超压、超温、超装而发生事故。

2) 不正确的频繁加压、卸压，过分的压力波动和悬殊的温度变化产生疲劳破坏。

3) 违反安全操作规程，未执行定检制度等。

4) 设备充料或停放置换不当所致。

3. 气瓶的安全使用与管理

(1) 气瓶充装

1) 在充装前要对气瓶进行严格检验，包括气瓶的漆色是否完好，是否与所充装气体规定的气瓶的颜色一致；气瓶是否按规定留有余气，气瓶原装气体是否与将要充装的气体一致，辨别不清时应取样化验；气瓶的安全附件是否齐全完好；气瓶是否有鼓包、凹陷变形等缺陷；氧气瓶及强氧化剂气瓶瓶体及瓶阀是否粘有油污；气瓶进气口的螺纹是否符合规定等。

2) 采取有效措施，防止充装超量。其措施是：充满压缩气体时需具体规定充装温度、充装压力，以保证气瓶在最高温度下，瓶内气压不得超过气瓶的设计压力；充装液化气体时，严禁超量充装；为防止测量误差造成超装，压力表、磅秤等应按规定的适用范围内选用，并定期进行检验；没有原始重量数据或标记不清的气瓶不予充装，充装量应包括气瓶内原有余气，且不得用贮罐减量法（即贮罐充装气瓶前后的量重差）确定气瓶的充装量。

(2) 气瓶的使用

防止气瓶受热升温。主要是气瓶不要在烈日下曝晒；不要靠

近高温热源或火源,更得用高压蒸汽直接喷射气瓶;瓶阀冻结时,应把气瓶移到较暖处,用温水解冻,禁止用明火烘烤。

正确操作,合理使用。开瓶阀动作要慢,以防加压过快产生高温,对盛装可燃气体的气瓶更要注意禁止;禁止用钢制工具敲击瓶阀,以防产生火花;氧气瓶要注意不沾污油脂;氧气瓶和可燃气瓶的减压阀不能互用;瓶阀或减压阀泄漏时不得使用;气瓶用到最后应留有余气,防止空气或其它气体进入气瓶引起事故。

一般压缩气体应留有剩余压力为 $19.6 \sim 29.4 N/cm^2$ 以上,液化气体应留有 $4.9 \sim 9.8 N/cm^2$ 以上,对乙炔的剩余压力应不小于表 3-1 的规定。

乙炔气瓶的剩余压力　　　　表 3-1

环境温度（℃）	<0	1~15	15~25	25~40
剩余压力（N/cm^2）	4.5	9.8	19.6	29.4

气瓶外表面的油漆作为气瓶标志和保护层,要经常保持完好,如因水压试验或其它原因,气瓶进入水分,在装气前应进行干燥,防止腐蚀;气瓶一般不应改装其它气体,如需改装时,必须由有关单位负责放气、置换、清洗,改变漆色等。

(3) 气瓶的运输

1) 防止振动或撞击。带好防振圈和瓶帽,固定好位置,防止运输中振动的滚落。禁止装卸中抛装、滑放、滚动等。做到轻装轻卸。

2) 防止受压或着火。气瓶运输中不得长时间曝晒,氧气瓶不得和可燃气体气瓶、其它易燃物质及油脂同车运输,随车人员不得在车上吸烟。

(4) 气瓶的储存保管

存放气瓶的仓库必须符合有关安全防火要求。首先是与其它建筑物的距离,与明火作业及散发易燃气体作业场所的安全距离,都必须符合防火设计范围;为便于气瓶装卸,仓库应设计装卸平台；气瓶库不要建在高压线附近；对于易燃气体气瓶仓库，电气防爆还要考虑防雷措施，仓库应是轻质屋顶的单层结构，门窗应向外开，地面应平整而又不滑；每座仓库储量不宜过多，盛装有毒气体的气瓶或介质相互抵触的气瓶应分室加锁储存，并有通风换气措施；在附近设置防毒面具和消防器材，库房温度不应超过35℃；冬季取暖不准用火炉。为了加强管理，应建立安全出入管理制度，张贴严禁烟火标志，控制无关人员入内。

气瓶管理人员必须严格认真的贯彻《气瓶安全监察规程》的有关规定。

1）气瓶储存一定要按照气体性质和气瓶设计压力分类。每个气瓶都要有防震圈，瓶阀出气管端要装上帽盖，并拧上瓶帽。有底座的气瓶，应将气瓶直立于气瓶的栅栏内，并用小铁链扣住。无底座气瓶，可水平横放在带有初垫的槽木上，以防气瓶滚动，气瓶均应朝向一方，如果需要堆放，层数不得超过五层，高度不得超过1m，距离取暖设备1m以上，气瓶存放整齐，要留有通道，宽度不小于1m，便于搬运与检查。

2）为了使入库或定期检验监近的气瓶事先发出使用，应尽量将这些气瓶存放在一起，并在牌子上注明。对于盛装易于起聚合反应，规定储存期限的气瓶应注明储存期限，及时发出使用。

3）在炎热的夏季，要随时注意仓库内温度，加强通风，保持室温在39℃以下。存放有毒气体或易燃气体气瓶的仓库，要经常检查有无渗漏，发现有渗漏的气瓶应及时处理。

4）加强气瓶入库和发放管理工作，认真填写入库和发放气瓶登记表，以备查验。

5）对临时存放充满气体的气瓶，一定要注意数量一般不超过五瓶，不能受日光曝晒，周围10m内严禁堆放易燃物质和用明火作业。

(5) 气瓶的检验

气瓶在使用过程中，由于受到使用环境条件和瓶内介质等因素的作用，使用寿命会逐步降低。为了保证使用安全，除加强日常维护以外，必须按《气瓶安全监察规程》规定，定期进行技术检验，测定气瓶技术状态，从而对气瓶能否使用做出正确处理。

气瓶的定期技术检验，按规程规定：盛装空气、氧、氮、氢、二氧化碳等一般气体的气瓶每三年进行一次；盛装氩、氖、氦、氪、氙等惰性气体的气瓶每五年进行一次；盛装氯、氯甲烷、硫化氢、光气、二氧化硫、氯化氢等腐蚀介质的气瓶每两年检查一次，发现有严重腐蚀、损伤的气瓶应提前进行检验。盛装剧毒或有毒介质的气瓶，进行水压试验的还应进行气密性试验。乙炔气瓶在全检验时，还要检查填料、瓶阀和易熔塞，测定壁厚并做气密性试验。

1) 内外部检查

外部检查和其它压力容器一样，主要是检气瓶在制造使用过程中有无裂纹、变形、鼓包、腐蚀等缺陷。内部检查，由于气瓶直径小，很难象直径大的压力容器那样彻底情况，只能用12V以下小电珠或窥镜插入瓶内进行检查。因此，除了比较大的明显的缺陷外，其它如裂纹等缺陷是很难发现的。这样，耐压试验就成了气瓶全面检验的关键项目，气瓶能否继续使用，在很大程度上是通过耐压试验来决定的。

2) 耐压试验

气瓶耐压试验的压力，要比一般容器高。原因是气瓶耐压试验是关键项目，重大缺陷要通过耐直试验来确定；气瓶容易受碰撞和冲击，存在的裂纹等缺陷容易扩散。《气瓶安全监察规程》规定，气瓶耐压试验的试验压力为设计压力的1.5倍。

4. 防止锅炉爆炸的主要措施

（1）防止超压

1) 对安全阀——防止日久失灵。应当每天试拉一次，定期自动排汽一次，保持其灵敏、可靠性。如发现动作呆滞，必须及时修复。

2) 对压力表——在锅炉运行时，应经常把标准压力表装上作对比，定期送到计量单位测试核准。如不准确或动作不正常，必须及时修理核准。

（2）防止过热

1）对水位表——应当每班冲洗并测试所显示的水位是否正常。应当定期把旋塞及连通管清通，防止堵塞。如果发现不正常，必须及时修好。

此外，必须严格监视水位。关键在于加强劳动纪律，操作人员不得擅自离岗，打瞌睡和做其它活动。要集中注意力监视水位。要熟练对水位表的操作，特别在严重缺水时，要能迅速地"叫水"，作出正确判断。如果断定是严重缺水，绝不能进水，如果盲目进水，就会引起锅炉爆炸。

2）对水垢的处理

防止结垢——这是积极的措施，要设法不让锅炉内结附水垢。必须配置有效的水处理设备和建立必要的制度。

防止积垢，积油脂——应该定期打开锅炉，检查内部的水垢。如有结附情况，必须予以清除，勿使积厚。锅炉被烧坏往往直接与水垢的厚度有关，所以要特别注意。若锅水中有油脂，应及时开放排污阀排油，积极的办法是防止油脂进入炉内。

（3）防止腐蚀——对内部腐蚀，应当用水处理的方法，从根本上加以解决；对氧腐蚀则另用除氧设备解决，对外部腐蚀，应当从维护保养上加强，如涂用防锈油漆及保持环境通风干燥。还应当检查内外腐蚀的情况，对已经腐蚀的地方，应按其程度轻重用堆补或挖补等方法修理。

（4）防止槽裂——平时操作，应注意不使锅炉骤冷骤热。此外，定期检验锅炉时，重点检查锅炉内部槽裂，一经发现，必须及时修理并加注意。

（5）对设计、制造中的缺陷问题

新造、大修、改造后的锅炉，必须把住安全技术检验这一关。未经检验合格，不得任意升火使用。

对设计、制造中的缺陷，必须加以改正。特别对角焊、方形、平板等结构，材料质量不合规定要严禁采用。对工艺不好，特别是焊接质量不合格的,必须退修重焊;无焊接质量证明的,必须补作。

(6) 防止水锤——主要注意平时的操作,勿使锅炉的水位骤升、骤降;避免锅炉满水,吊水、汽水共腾等情况发生。

附录1 三级安全教育考试题

中建一局集团
外协人员三级教育考核试卷（A）

原籍单位_____用工单位_____姓名_____
成绩_____

一、填空（每空1分共30分）

1.《劳动法》规定：劳动者对用人单位管理人员违章指挥，强令冒险作业，有权_____，对危害生命安全和身体健康的行为，有权提出_____，检举和_____。

2.《中建一局安全生产责任制》规定工人在作业时，要严格做到_____，_____，_____。

3. 施工现场和职工休息处的一切取暖、保暖措施，都应该合乎_____和安全卫生的要求。

4. 施工现场一切材料的存放都要整齐和稳固，存放脚手杆要设_____。现场中拆除的模型板和废料等应该及时_____，并将钉子拔掉或者打弯。

5. 电气设备和废料都必须符合规格，并且应该进行定期试验和_____，修理时要先切断电源，如果必须带电工作，应该有_____。

6. 触电急救基本原则和基本方法是_____，_____，_____。

7. 为了防止火灾事故，在施工现场严禁_____。

8. 蛙式打夯机必须两人操作，操作人员必须戴_____和穿_____，操作手柄应采取绝缘措施。

9. 作业人员应从规定的通道上下，不得在阳台之间等非规定通道进行_____，也不得任意利用吊车臂架等施工设备进行_____。

10. 雷雨时，在塔吊导轨旁边和提升井架的周围地面上行走易遭受雷击产生的_____伤害，因此应暂停作业。

11. 建筑楼层临边四周，无维护结构时，必须设_____，或_____加一道防护栏杆。

12. 《北京市劳动保护监察条例》规定企业必须建立并严格执行定期的经常的安全检查制度，及时消除_____，严禁_____和_____。

13. 三不伤害指在生产作业中_____，_____，_____。

二、**判断题**（每题 2 分）

1. "三宝一器"是指安全帽、安全带、安全网、熔断器。
2. 安全重要，但是生产第一。
3. 挖掘土方应该从上面往下施工，禁止采用挖空底脚的操作方法，并应做好排水措施。
4. 在工期紧，任务重情况下，非电工人员也可以自己接线。
5. 凡在坠落高度基准面 3m 以上（含 3m）有可能坠落的高处进行的作业称高处作业。
6. 严禁赤脚、穿拖鞋进入现场。严禁酒后上班。
7. 对施工现场各种防护装置、安全标志，未经工长批准不得随意挪动和拆除。
8. 特种作业人员如电工、锅炉工、焊工、信号工等必须经过培训、考核合格取得操作证后方准独立作业。
9. 工人可直接站在石棉瓦屋顶上干活，要特别注意小心。
10. 重大伤亡事故是一次死亡 1～2 人，一次重伤 5 人以上的事故。

三、**简答题**（每题 6 分）

1. 现场容易发生的常见事故有哪些？
2. 对高空作业人员在衣着和身体上有什么要求？

3. 进入施工现场应该遵守什么？
4. 使用手持电动工具时一般应注意哪些问题？

四、问答题（每题 13 分）

1. 建筑施工的"四口"指什么？洞口作业应采取哪些防护措施？

2. 下图中哪些地方违反安全常识？

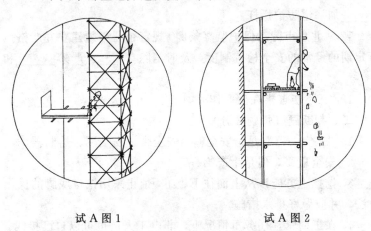

试 A 图 1　　　　　　　　试 A 图 2

中 建 一 局 集 团
外协人员三级教育试卷（B）

原籍_____用工单位_____姓名_____成绩_____

一、填空（每空 1 分，共 30 分）

1.《劳动法》规定劳动者在劳动过程中必须严格遵守_____。

2.《中华人民共和国宪法》规定，国家通过各种途径，改造_____条件，加强_____；改善劳动条件，并在发展生产的基础上，提高劳动报酬和福利待遇。

3. 在建筑安装过程中，如果上下两层同时进行工作，上下两层间必须设有专用的_____，或者其它隔离设施；否则不许使工人在_____的下方工作。

4. 施工现场要有交通指示标志,危险地区应该悬挂_____或者_____的明显标志,夜间应设_____示警。

5. 职工因工伤亡事故分为_____、_____、_____、_____。

6. 井字架、龙门架的吊笼出入口应有_____,两侧必须有安全防护措施。吊笼定位托杠必须采用_____,吊笼运行中不准_____。

7. 脚手架的操作面必须_____,离墙面不得大于20cm,不得有空隙和探头板、_____。脚手板下层兜设_____。操作面外侧应设两道护身栏杆和_____或设一道护身栏杆,立挂安全网,上下封严,防护高度应为_____,严禁用竹芭作_____。

8. 卷扬机必须搭设_____的专用操作棚。

9. 对施工现场各种防护装置、防护设施和_____,未经工长批准不得随意挪动和拆除。

10. 安全生产方针是_____。

11. 存放水泥等袋装材料严禁_____码垛,存放沙、土、石料严禁_____堆放。

12. 参加施工的人员进入施工现场必须戴_____,禁止穿_____或_____,在设有妨护高空作业施工中必须系_____。

二、判断题 (每题2分)

1. 高处作业时,在下面无人情况下,可以将废料往下扔。

2. 施工现场手把灯电压不超过24V,金属管道内照明灯电压不超过12V。

3. 施工现场可以吸烟。

4. 强令工人冒险作业,发生重大伤亡事故,造成严重后果,这是犯罪行为。

5. 机电设备发生故障时,必须报告机电人员处理。

6. 凡手持电动工具,使用时必须装设漏电保护器,操作者必须戴绝缘手套,穿绝缘鞋。

7.《北京市劳动保护监察条例》要求对职工进行安全技术教育,对新工人和新调换工种工人必须进行安全训练,经考试合格后方准顶班上岗。

8.特种作业人员必须佩戴相应的劳动保护用品。

9.攀登作业时,操作人员上下梯子必须面向梯子。

10.企业职工伤亡事故是指职工在劳动过程中发生的人身伤害、急性中毒事故。

三、简答题（每题6分）

1.施工人员禁止在哪些屋面上行走？

2.为保证自身安全,在施工现场中行走,上下"五不准"是什么？

3.引起触电事故的主要原因有哪些？

4."三不违"和"三不伤害"是什么？

四、问答题（每题13分）

1.什么是临边作业？建筑施工中的"五临边"指哪些？

2.下图中哪些地方违反安全常识？

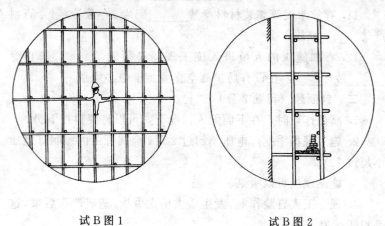

试B图1　　　　　　　　试B图2

中建一局集团
外协人员三级教育试卷（C）

原籍单位_____用工单位_____姓名_____
成绩_____

一、填空（每空1分，共30分）

1. 《建筑法》规定：建筑施工企业和作业人员在施工生产过程中，应当遵守有关安全生产的法律、法规和建筑行业安全规程规章,不得_____。作业人员对危及生命安全和人身健康的行为有权_____。

2. 在建筑安装过程中，如果上下两层同时进行工作，上下两层间必须设有专用的_____，或者其它隔离设施；否则不许使工人在_____的下方工作。

3. 挖掘土方应该从____施工，禁止采用挖空脚底操作方法，并应做好____措施。

4. 我国的安全生产管理体制为_____、_____、_____、_____、_____。

5. 井字架、龙门架的吊笼出入口应有_____，两侧必须有安全防护措施。吊笼定位托杠必须采用_____，吊笼运行中不准_____。

6. 脚手架的操作面必须_____，离墙面不得大于20cm，不得有空隙和探头板、_____。脚手板下层兜设_____，操作面外侧应设两道护身栏杆和_____或设一道护身栏杆，立挂安全网，上下封严，防护高度应为_____，严禁用竹芭作_____。

7. 卷扬机必须搭设_____的专用作棚。

8. 对施工现场各种防护装置，防护设施和_____，未经工长批准不得随意挪动和拆除。

9. 安全生产方针是_____，_____。

10. 存放水泥等袋装材料严禁_____码垛,存放沙、土、石料严禁_____堆放。

11. 参加施工的人员进入施工现场必须戴_____，禁止穿_____或_____，在设有防护高空作业施工中必须系_____。

二、判断题（每题2分）

1. 高处作业时，在下面无人情况下，可以将废料往下扔。

2. 施工现场手把灯电压不超过24V，金属管道内照明灯电压不超过12V。

3. 施工现场可以吸烟。

4. 强令工人冒险作业，发生重大伤亡事故，造成严重后果，这是犯罪行为。

5. 机电设备发生故障时，必须报告机电人员处理。

6. 凡手持电动工具，使用时必须装设漏电保护器，操作者必须戴绝缘手套，穿绝缘鞋。

7. 《北京市劳动保护监察条例》要求对职工进行安全技术教育，对新工人和调换工种工人必须进行安全训练，经考试合格后方准顶班上岗。

8. 特种作业人员必须佩戴相应的劳动保护用品。

9. 攀登作业时，操作人员上下梯子必须面向梯子。

10. 企业职工伤亡事故是指职工在劳动过程中发生的人身伤害、急性中毒事故。

三、简答题（每题6分）

1. 什么叫违章作业？

2. 为保证自身安全，在施工现场中行走，上下"五不准"是什么？

3. 引起触电事故的主要原因有哪些？

4. 在施工现场搬运前应做哪些准备？

四、问答题（每题13分）

1. 施工现场模板的支撑或拆卸应注意哪些问题？

2. 下图中哪些地方违反安全常识？

试C图1

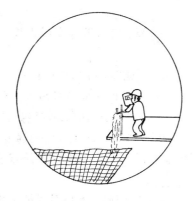

试C图2

中 建 一 局 集 团
外协人员三级教育考核试卷（D）

原籍单位_____用工单位_____姓名_____
成绩_____

一、**填空**（每空1分，共30分）

1.《劳动法》规定：劳动者对用人单位管理人员违章指挥，强令冒险作业，有权_____，对危害生命安全和身体的行为，有权提出_____，检举和_____。

2.《中建一局安全生产责任制》规定工人在作业时，要严格做到_____，_____，_____。

3. 施工现场和职工休息处所的一切取暖、保暖措施，都应该合乎_____和安全卫生的要求。

4. 施工现场一切材料的存放都要整齐和稳固，存放脚手杆要设_____。现场中拆除的模型板和废料等应该及时_____，并将钉子拔掉或者打弯。

5. 电气设备和废料都必须符合规格，并且应该进行定期试验和_____，修理时要先切断电源，如果必须带电工作，应该有

_____。

6. 触电急救基本原则和基本方法是_____、_____、_____、_____。

7. 开挖槽、坑、沟深度超过2米,必须在边沿处设立_____。

8. 蛙式打夯机必须两人操作,操作人员必须戴_____和穿_____,操作手柄应采取绝缘措施。

9. 作业人员应从规定的通道上下,不得在阳台之间等非规定通道进行_____,也不得任意利用吊车臂架等施工设备进行_____。

10. 雷雨时,在塔吊导轨旁边和提升井架的周围地面上行走易遭受雷击产生的_____伤害,因此应暂停作业。

11. 现场施工时容易发生的伤害事故有_____,_____,_____,_____。

12.《北京市劳动保护监察条例》规定企业必须建立并严格执行定期的经常的安全检查制度,及时消除_____,严禁_____和_____。

二、判断题(每题2分)

1."三宝一器"是指安全帽、安全带、安全网、熔断器。

2. 安全重要,但是生产第一。

3. 挖掘土方应该从上面往下施工,禁止采用挖空底脚的操作方法,并应做好排水措施。

4. 在工期紧,任务重情况下,非电工人员也可以自己接线。

5. 凡在坠落高度基准面3m以上(含3m)有可能坠落的高处进行的作业称高处作业。

6. 严禁赤脚、穿拖鞋进入现场。严禁酒后上班。

7. 对施工现场各种防护装置、安全标志,未经工长批准不得随意挪动和拆除。

8. 特种作业人员如电工、锅炉工、焊工、信号工等必须经过培训、考核合格取得操作证后方准独立作业。

9. 工人可直接站在石棉瓦屋顶上干活,要特别注意小心。

10. 重大伤亡事故是一次死亡 1~2 人，一次重伤 5 人以上的事故。

三、简答题（每题 6 分）

1. 脚手架作业面的防护应注意哪些问题？
2. 建筑施工中"五临边"指哪些？
3. 进入施工现场应该遵守什么？
4. 使用手持电动工具时一般应注意哪些问题？

四、问答题（每题 13 分）

1. 什么是攀登作业？攀登作业应遵守哪些规定？
2. 下图中哪些地方违反安全常识？

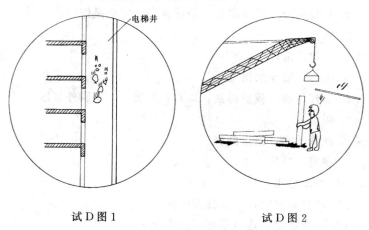

试 D 图 1　　　　　　　试 D 图 2

附录2 三级安全教育考试题答案

中建一局外协人员三级教育考核答案(A)

一、填空

1. 拒绝执行，批评，控告
2. 眼观六面，安全定位，措施得当，安全操作
3. 防火
4. 支架，清理
5. 维修，安全的措施
6. 动作迅速，救护得法，口对口呼吸，人工胸外挤压
7. 吸烟
8. 绝缘手套，绝缘胶鞋
9. 攀登，攀登
10. 跨步电压
11. 两道防护栏杆，立挂安全网
12. 事故隐患，违章指挥，违章作业
13. 不伤害自己，不伤害他人，不被他人伤害

二、判断题

1. × 2. × 3. √ 4. × 5. × 6. √ 7. √ 8. √ 9. ×
10. ×

三、简答题

1. 高处作业坠落事故，物体打击事故，触电事故，坍塌事故，机械伤害事故。

2. 凡患有高血压，心脏病，贫血病，癫痫病等不得从事高空作业。

高空作业人员衣着要灵便，禁止赤脚及穿硬底，高跟，带钉，易滑鞋或拖鞋从事高空作业。

3.（1）进入施工现场要服从领导和安全检查人员的指挥；（2）遵守劳动纪律，坚守岗位，不串岗，作业时思想集中；（3）严禁酒后上班；（4）不得在禁止烟火的地方吸烟动火；（5）不随意进入危险场所或触摸非本人操作的设备，电闸，阀门，开关等；（6）要严格按操作规程操作，不得违章作业，对违章作业的指令有权拒绝，有责任制止他人违章作业；（7）工地上的危险地段，区域，道路，建筑，设备等所悬挂的各种"禁止，警告，指令，提示"的标志，任何人都不准随意拆掉，移动或毁坏。

4.必须装设漏电保护器，操作者必须绝缘手套和穿绝缘鞋。

四、问答题

1.建筑施工中的"四口"包括：楼梯口，电梯口（包括垃圾口），预留洞口，出入口。

洞口作业防护措施包括以下四个方面：

（1）凡1.5m×1.5m以下的孔洞，预埋通长钢筋网或加固定盖板。

（2）1.5m×1.5m以上的洞口，四周必须设两道护身栏杆，中间支挂水平安全网。

（3）电梯井口设防护栏杆或固定栅门，电梯井内首层和首层以上每隔四层设一道水平安全网，安全网严密。

（4）正在施工的建筑物所有出入口，应搭设板棚和网席棚。

2.（1）井字架运行时，人员探头观望；卸料平台无防护。

（2）高处作业乱投物料；无防护栏杆，挡脚板。

中建一局外协人员三级教育考核答案(B)

一、填空

1.安全操作规程

2.劳动就业，劳动保护

3. 防护棚，同一垂直线

4. 危险，禁止通行，红灯

5. 轻伤事故，重伤事故，重大伤亡事故，特大伤亡事故

6. 安全门，定型装置，乘人

7. 满铺脚手板，飞跳板，水平网，一道挡脚板

8. 防雨防砸

9. 安全标志

10. 安全第一预防为主

11. 靠墙，靠墙

12. 安全帽，拖鞋，赤脚，安全带

二、判断题

1.× 2.× 3.× 4.√ 5.√ 6.√ 7.√ 8.√ 9.× 10.√

三、简答题

1. 为有效地防止高处坠落事故，规定施工人员严禁在无望板的石棉瓦，刨花板和三和板屋面上行走。

2. （1）不准从正在起吊，运吊中的物件下通过，以防物件突然脱钩，砸死，砸伤下方人员。

（2）不准从高处往下跑跳。

（3）不准在没有防护的外墙和外壁板等建筑物上行走。

（4）不准站在小推车等不稳定的物体上操作。

（5）不准攀登起重臂，绳索，脚手架，井字架，龙门架和随同运料的吊盘或吊篮及吊装物上下，吊篮禁止乘人。

3. （1）使用有缺陷的电气设备，触及带电的破旧电线，触接未接地的电气设备及裸露电线，开关，保险等。

（2）无保护性的地线或地线质量不良。

（3）非电气工作人员进行电器维修。

（4）不按规定使用安全电压的便携式灯具。

（5）缺少电气危险警告标志。

4. 三违指违章指挥，违章作业，违反劳动纪律。

三不伤害指在生产作业中不伤害自己，不伤害他人，不被他人伤害。

四、问答题

1. 施工现场中，工作面边沿无围护设施或围护设施高度低于80cm时的高处作业叫临边作业。"五临边"指：尚未安装栏杆的阳台周边，无外架防护的层面周边，框架工程楼层周边，上下跑道及斜道的两侧边，卸料平台的侧边。

2. （1）脚手架未搭设上下马道，操作人员违反规定攀爬脚手架。

（2）脚手架上砖块堆置太高，超过规定，操作层下方未设网。

中建一局外协人员三级教育考核答案（C）

一、填空

1. 违章指挥和违章作业；批评、检举和控告

2. 防护棚，同一垂直线

3. 上面往下，排水

4. 企业负责、行业管理、国家监察、群众监督、劳动者遵章守纪。

5. 安全门，定型装置，乘人

6. 满铺脚手板，飞跳板，水平网，一道挡脚板

7. 防雨防砸

8. 安全标志

9. 安全第一预防为主

10. 靠墙，靠墙

11. 安全帽，拖鞋，赤脚，安全带

二、判断题

1. × 2. × 3. × 4. √ 5. √ 6. √ 7. √ 8. √ 9. √

10. √

三、简答题

1. 凡在生产过程中违反上级和工厂颁布的安全规章制度（如安全生产责任制，安全技术操作规程，工厂安全守则以及安全生产的通知，决定）均为违章作业。

2. （1）不准从正在起吊，运吊的物件下通过，以防物件突然脱钩，砸死，砸伤下方人员。

（2）不准从高处往下跑跳。

（3）不准在没有防护的外墙和外壁板等建筑物上行走。

（4）不准站在小推车等不稳定的物体上操作。

（5）不准攀登起重臂，绳索，脚手架，井字架，龙门架和随同运料的吊盘或吊蓝及吊装物上下，井架吊蓝禁止乘人。

3. （1）使用有缺陷的电气设备，触及带电的破旧电线，触接未接地的电气设备及裸露的电线，开关，保险等。

（2）无保护性的地线或地线质量不良。

（3）非电气工作人员进行电器维修。

（4）不按规定使用安全电压的便携式灯具。

（5）缺少电气危险警告标志。

4. 在工作之前，首先要穿戴好规定的劳保用品，检查需要的搬运工具是否完整和安全可靠。搬运时使用的工具构件一定要放平，放稳，防止滑动滚动。绝对不允许竖立，以防倒下发生伤人或砸坏设备等事故。

四、问答题

1. 模板支撑要按规定程序进行，模板未固定前不得进行下一道工序；

2. 严禁在连接件和支撑件上攀登上下，并严禁在上下同一垂直面上装拆模板；

3. 支设高度在 3m 以上，四周须设斜撑并设操作平台；3m 以下可用马凳；

4. 支设悬挑模板要有稳固的立足点；支设临空模板要搭设支架或脚手架；模板上有预留洞口，应在安装后盖没；拆模后形成的临边，要设防护栏杆。

2．(1) 现场缺少防护措施；安全帽佩带不合格，未系绳，随时可能脱落；

(2) 在安全防护不到位时高处作业没有安全防护设施。

中建一局外协人员三级教育考核答案(D)

一、填空

1. 拒绝执行，批评，控告
2. 眼观六面，安全定位，措施得当，安全操作
3. 防火
4. 支架，清理
5. 维修，安全的措施
6. 动作迅速，救护得法，口对口呼吸，人工胸外挤压
7. 两道护身栏杆
8. 绝缘手套，绝缘胶鞋，
9. 攀登，攀登
10. 跨步电压
11. 高处作业坠落事故，物体打击事故，触电事故，坍塌事故，机械伤害事故
12. 事故隐患，违章指挥，违章作业

二、判断题

1．× 2．× 3．√ 4．× 5．× 6．√ 7．√ 8．√ 9．× 10．×

三、简答题

1．(1) 脚手架操作面必须满铺脚手板，离墙面不得大于20cm，不得有空隙，探头板，飞跳板；

(2) 脚手板下层兜设水平网；

(3) 操作面外侧应设两道护身栏杆和一道挡脚板或设一道护身栏杆，立挂安全网，下口封严，防护高度为1.2m；

(4) 严禁用竹芭作脚手板。

2. "五临边"是指：尚未安装栏杆的阳台周边；无外架防护的层面周边；框架工程楼层周边；上下跑道，斜道的两侧边；卸料平台的外侧边。

3. (1) 进入施工现场要服从领导和安全检查人员的指挥。

(2) 遵守劳动纪律，坚守岗位，不串岗，作业时思想集中。

(3) 严禁酒后上班不得在禁止烟火的地方吸烟动火。

(4) 不得随意进入危险场所或触摸非本人操作的设备,电闸，阀门，开关等。

(5) 要严格按操作规程操作，不得违章作业，对违章作业的指令有权拒绝，有责任制止他人违章作业。

(6) 工地上的危险地段，区域，道路，建筑，设备等所悬挂的各种"禁止，警告，指令，提示"的标志，任何人都不准随意拆掉，移动或毁坏。

4. 必须装设漏电保护器，操作者必须戴绝缘手套和穿绝缘鞋。

四、问答题

1. 攀登作业指借助登高用具或登高设施,在攀登条件下进行的高处作业。

(1) 作业人员必须从规定的通道上下，不得在阳台之间等非规定通道进行攀登。

(2) 不得任意利用吊车臂架等施工设备进行攀登。

(3) 上下梯子，必须面向梯子，不得手持器物。

2. (1) 电梯井内未按规定支设安全网。

(2) 在吊钩底下作业；进入施工现场不戴安全帽。